ÉTUDES ORGANIQUES

SUR

LES CUSCUTES.

ÉTUDES ORGANIQUES

SUR LES

CUSCUTES,

PAR

M. Charles Des MOULINS,

Sous-directeur de l'Institut des Provinces pour le Sud-Ouest; membre de l'Académie des sciences, belles-lettres et arts de Bordeaux; président de la Société Linnéenne de la même ville; correspondant de la Société médico-botanique de Londres, des Sociétés Linnéennes de Normandie, de Lyon, du Nord de la France et de Maine-et-Loire, des Sociétés d'histoire naturelle de Genève, d'Athènes, de la Moselle, de Cherbourg, etc.; l'un des secrétaires-généraux de la XIXe session du Congrès scientifique de France.

(Extrait du *Compte-rendu de la XIXe session* (Toulouse) *du Congrès scientifique de France*, T. II.)

TOULOUSE,

IMPRIMERIE DE CHAUVIN ET FEILLÈS,

RUE MIREPOIX, 3.

1853.

ÉTUDES ORGANIQUES

SUR

LES CUSCUTES.

1er Mars 1853 (1).

CHAPITRE Ier.

CONSIDÉRATIONS GÉNÉRALES ET SYSTÉMATIQUES.

Il m'est arrivé, pour ce travail, ce qui arrive fréquemment aux naturalistes. Je voulais tout simplement placer dans les *additions* que les *Actes de la Société Linnéenne* fournissent à la Flore Bordelaise, un article sur le *Cuscuta Hassiaca Pfeiff.*, trouvé dans la Gironde par un botaniste agenais : — le labeur s'est multiplié sous ma main.

Conduit d'abord à étudier et à déterminer plus rigoureusement les Cuscutes de notre circonscription, il m'a fallu consulter, autant que j'ai pu me les procurer, les travaux de mes devanciers. Ceux-ci m'ont entraîné dans une nouvelle voie, et m'ont forcé de rechercher de plus amples matériaux d'examen. Mes collègues bordelais m'ont livré tout ce qu'ils avaient; mes amis parisiens, MM. Gay et Du Rieu, m'ont comblé de présents, et la gracieuse

(1) Ce travail a été présenté, avant son entier achèvement, à la première section du Congrès pendant la session de Toulouse. L'auteur n'a pu s'occuper de le terminer que trois mois plus tard.

libéralité de **MM.** Webb, Cosson et Léveillé m'a enrichi de types précieux et de *localités* qui ne le sont pas moins.

Merci à tous ! Puissé-je acquitter la dette de ma reconnaissance en leur offrant cette sorte de monographie *théorique* et *non effective, partielle* et *non complète*, de la famille des CUSCUTACÉES !

Les matériaux, les occasions d'étude sur le vif, et les moyens d'investigation me font défaut, pour remplir plus complètement les obligations d'un véritable monographe.

§ 1er. — *Les Cuscutes doivent-elles être scindées en plusieurs genres ?*

Je ne veux point entrer dans la grande question du *genre*, considérée d'une façon abstraite ; — question sur laquelle on a tant écrit, et sur laquelle je suis convaincu que les botanistes ne seront jamais d'accord !.... Le genre existe-t-il dans la nature ? Qu'est-ce que le genre ? Que doit être le genre pour que sa constitution soit irréprochable et inattaquable ? — Théorie pure que tout cela, et nous n'avons la paix entre nous qu'au moyen de concessions tacites, qui font qu'on s'entend à peu près, et provisoirement, en gardant par devers soi des réserves de liberté dont chacun use, ou peut user, quand il attaque de près l'étude d'une famille de plantes.

Ce que je veux exposer ici, c'est un simple fait, nu, matériel, pour ainsi dire, et qui n'a besoin que d'être exprimé en peu de paroles, claires et précises, pour être, ce me semble, incontesté.

En Botanique comme en Zoologie, il y a deux sortes de *genres*, le genre *philosophique* et le genre *organique* (1).

Le genre *philosophique*, c'est le genre linnéen ; c'est le genre dont Linné a dit : *Character non facit genus.* Exemples : *Helleborus, Geranium, Cactus, Campanula, Gentiana, Myosotis, Scirpus, Hypnum, Lycoperdon*, etc.

Le genre *organique*, c'est celui qui résulte du démembrement du premier, et qui, laissant à la famille ou à la tribu que le pre-

---

(1) On peut, si l'on veut, remplacer ces deux épithètes par d'autres, dont le sens propre serait moins étendu, et par conséquent moins vague ; mais elles vont être précisées par des exemples, et c'est tout ce qu'il me faut en ce moment.

mier représente, *l'ensemble* des caractères de toutes sortes qui avaient servi à le constituer, ne prend pour lui-même qu'une partie de cet ensemble, et choisit, spécialement dans la forme des organes, un ou plusieurs caractères qui le distingueront avec précision de tous les autres. Exemples : *Isopyrum*, — *Pelargonium* et *Erodium*, — *Cereus*, *Melocactus* et *Echinocactus*, *Prismatocarpus*, — *Erythræa* et *Cicendia*, — *Echinospermum*, — *Heleocharis*, — *Leskia*, *Climacium* et *Isothecium*, — *Tulostoma*, *Scleroderma* et *Bovista*, etc.

Certes, et sans désobéir aux principes qu'il avait établis lui-même, Linné aurait bien pu dédoubler quelques-uns de ses genres, sans qu'ils cessassent pour cela de demeurer *philosophiques*. Exemples : *Pelargonium* et peut-être même *Erodium*, — *Linaria*, — *Erythræa*, —*Tulostoma*, etc.

Mais il ne l'a pas fait, et on peut se demander s'il était indispensable qu'il le fît, en présence du nombre des végétaux connus de son temps.

Ce nombre augmentait toujours, et les travaux carpologiques de Gœrtner vinrent en aide à la mémoire humaine, en multipliant les divisions génériques. Mais Gœrtner avait établi celles-ci sur des caractères d'une valeur si intime et si haute, que ses genres, en se restreignant et en devenant *organiques*, ne déchurent que peu ou point du rang de genres *philosophiques*.

Tous ceux qui, depuis Gœrtner, ont été établis sur les mêmes principes, et par suite d'une étude complète des végétaux, rentrent dans la même classe.

Tous ceux, au contraire, qui ont été établis sur la considération d'un ou de plusieurs caractères de valeur moins intime et moins grave, sont des genres *purement organiques*.

Ainsi, et pour me rapprocher de la spécialité de mon sujet, le genre *Engelmannia* de Pfeiffer, démembré des Cuscutes parce que sa capsule se déchire au sommet et que sa corolle reste marcescente à la base, tandis que la capsule des Cuscutes s'ouvre circulairement comme une boîte à savonnette, et que leur corolle se détache de sa base pour demeurer marcescente au sommet de la capsule, — le genre *Engelmannia*, dis-je, est un genre *organico-philosophique gœrtnérien*.

Au contraire, le genre *Epilinella* de Pfeiffer, également démembré des Cuscutes parce que ses stigmates sont claviformes et non filiformes ou capités, et parce que la cloison de sa capsule ne s'élève pas jusqu'au sommet de celle-ci , — le genre *Epilinella* est un genre purement *organique.*

Or , quels sont les faits maintenant accomplis? — Le genre *organique* domine et règne dans la Botanique moderne. Cassini en a porté le culte jusqu'aux dernières limites du fanatisme, et comme on a fort bien senti que la mémoire humaine ne serait nullement soulagée par un nombre de noms génériques égal ou à peu près égal à celui des noms spécifiques, on a opposé des digues au torrent *cassinien*; on a mis, pour ainsi dire, la camisole de force au système de ce savant mais furieux *démembreur.*

Il n'en est pas moins vrai que l'assentiment général des botanistes actuels est en faveur du genre *organique*, contenu cependant dans les limites les plus philosophiques qu'il se peut faire *selon la manière de voir de chacun.*

Pouvons-nous en agir autrement, en présence de ces deux centaines de milliers, peut-être, de végétaux que les découvertes modernes nous donnent à étudier, à distinguer, à nommer? Je ne le pense pas, et je crois qu'en nous réduisant au genre *organique ,* nous obéissons à une impérieuse nécessité.

Le genre *organique* est celui dans lequel tous les organes importants de la plante sont constitués de même, et ne diffèrent que par des détails de forme, de grandeur, de consistance, de coloration. Les organes *importants* sont ceux du fruit et par conséquent de la fleur. Les organes *non importants*, et par conséquent *non génériques*, sont les organes appendiculaires (feuilles, stipules, bractées, poils, glandes, etc.); les caractères de consistance, de durée, de ramification, d'inflorescence, etc., en un mot, les caractères *de végétation* sont considérés aussi comme purement spécifiques.

Voilà ce que chacun observe plus ou moins exactement, *selon sa manière de voir ,* dans la délimitation des genres, et en vertu de ces concessions tacites et provisoires dont je parlais en commençant.

Ceci posé, il demeure évident que les Cuscutes de Linné (les Cuscutacées des botanistes actuels) forment un seul et unique genre *philosophique-linnéen.* En effet, rien de plus uniforme, de plus *un ,* oserais-je dire, que l'ensemble des caractères de ce groupe : germination, parasitisme, port , inflorescence, système général de coloration, consistance, durée, reproduction, *facies*. Ce dernier caractère, celui de la ressemblance d'aspect, est poussé si loin qu'un grand nombre d'espèces ne peuvent, sans le secours de la loupe, ou même du microscope, être distinguées sûrement de leurs voisines.

Et cependant, dès l'instant où il s'est trouvé un homme qui a dit, et qui a obtenu l'assentiment général et raisonnable des botanistes lorsqu'il l'a dit, que le grand Muflier et la Linaire ne peuvent pas porter le même nom générique, il a dû forcément s'en rencontrer un qui vînt à dire que la Cuscute qui vient habituellement sur l'Ortie, et celle qui vient habituellement sur la Luzerne, ne sont pas congénères. Cet homme a été le docteur Pfeiffer, et le nouveau genre a été son *Engelmannia*, genre *organique-gœrtnérien*.

Qu'est-il arrivé alors? — En y regardant de près, on s'est aperçu que les Cuscutes américaines sont presque toutes construites sur le même patron, — que leurs fleurs sont en général plus grosses que celles des espèces de l'ancien monde, — que leurs stigmates sont capités, — que leurs styles sont inégaux, — que leurs graines présentent des particularités de structure, — que l'espèce européenne, sur laquelle le genre est fondé, a été importée d'Amérique, — que la seconde espèce européenne, récemment découverte, vient du midi du Portugal, et pourrait bien recevoir un jour de pareils certificats de naturalisation.... Eh bien! je le demande, n'y a-t-il pas, dans toutes ces considérations, de quoi faire accorder un rang au moins *quasi-philosophique* au genre *organique-gœrtné-rien* dont je parle?

Ce n'est pas tout. Le docteur Pfeiffer propose un genre plus strictement et nuement organique; c'est son *Epilinella* dont j'ai déjà parlé, et dont je corroborerai la constitution en faisant connaître les particularités de structure de ses graines.

Mais au même titre, se présente le *Cuscuta monogyna*, dont les styles sont soudés en un seul, dont les graines ont des caractères propres, dont l'inflorescence, la taille, la coloration, tout le *facies* enfin, le distinguent des autres espèces. Je crois devoir l'ériger en genre.

J'en fais autant pour le *Cuscuta alba* Presl, *non* Godr., dont les graines offrent une forme et des caractères particuliers, corroborés par d'autres particularités notables dans l'organisation de la fleur et du fruit.

Un sixième genre, qui m'est totalement inconnu , parait exister dans la famille des Cuscutacées ; c'est le *Lepidanche* (*Cuscuta glomerata*, Chois. in DC. Prodr. IX. p. 458 , n° 28), créé et ainsi caractérisé par Engelmann : *Calyx 10-sepalus , 2-5-bracteatus , capsula bilocularis , disperma*.

Au résumé, nous vivons forcément sous le régime du genre *organique*. Il a été nécessaire de l'introduire , comme les cercles idéaux dans la sphère , pour porter secours aux forces épuisées de l'esprit humain. Mais, s'il est moins utile en ce sens, quand il s'agit de familles moins chargées d'espèces que ne le sont plusieurs autres, on doit trouver convenable et rationnel d'agir partout d'après des règles uniformes , et de donner à tous les genres monotypes ou polytypes , une valeur autant qu'il se peut égale.

Qu'on n'oublie pas, d'ailleurs, que nous avons déjà soixante à quatre-vingts espèces, soit nominales, soit réelles, de Cuscutacées !

Je crois inutile d'insister sur l'érection de ce genre linnéen en type de famille. Tout le monde est aujourd'hui d'accord sur ce point , et la thèse contraire ne serait plus soutenable ni soutenue.

Il reste à déterminer la place que doit occuper cette famille dans l'ordre naturel. Ceci s'éloigne du cercle de mes habitudes de travail , et, je le crois sincèrement , dépasse mes forces. Je donne les mains , de grand cœur, à l'exil lointain par rapport aux Convolvulacées, auquel Reichenbach a condamné les Cuscutes ; je crois que la somme de leurs caractères de famille justifierait facilement le voisinage des Amaranthacées , Basellacées et Salsolacées , qu'il a proposé pour elles ; mais je ne puis pas , en conscience, donner cette simple prévention favorable pour une véritable opinion scientifique.

§ 2. — *Histoire du genre* CASSUTHA.

Tout en plaçant les Cuscutes parmi les Convolvulacées, l'illustre A. L. de Jussieu avait déjà exprimé quelques doutes sur leur affinité réelle avec cette famille d'ailleurs si naturelle, et dont elles se distinguent par les caractères les plus tranchants et les plus singuliers.

Si A. P. de Candolle n'exprima pas le même doute dans sa Flore Française , ce prince de la Botanique moderne laissa voir que les rapports des deux groupes se réduisent à peu de chose, et il attri-

bua les dissemblances de leurs organes de végétation à un avortement constant de toutes les feuilles dans le groupe des Cuscutes.

Reichenbach (Fl. germ. exc., p. 585 ; 1830) trancha dans le vif,
et, enlevant les Cuscutes au voisinage des Liserons, les transporta
dans ses Aïzoïdées, à la suite des Chénopodées et des Amaranthacées.

Cependant la plupart des auteurs restaient fidèles au cadre tracé
par Jussieu et Candolle, lorsqu'en 1844 M. Choisy, chargé des
Convolvulacées du *Prodromus*, crut devoir donner satisfaction aux
scrupules qu'excitait l'organisation de ces plantes anomales , en
ouvrant pour ainsi dire une porte à l'établissement d'une famille
des Cuscutacées : *Si velint auctores, ordinem distinctum è Cuscutels
constituere possunt.* (Prodr. T. IX, p. 452) (1). En attendant, il se
borna à confirmer ses précédents travaux de 1833, 1838 et 1841
sur les Convolvulacées (Mém. Soc. de phys. et d'hist. nat. de
Genève, T. VI, VIII, IX), en érigeant les Cuscutes en simple
tribu sous le nom de *Cuscuteæ*, comme Koch l'avait déjà fait en
1837 (Synops. ed. 1ᵃ) d'après Link, sous celui de *Cuscutinæ*.

Il résulte de tout cela que les Cuscutes étaient encore des plantes
incertæ sedis, et l'expérience nous apprend que ces sortes de
groupes, une fois bien profondément étudiés, aboutissent toujours
à constituer une famille distincte. MM. Cosson et Germain la con-
sidérèrent comme telle , en 1845, dans leur Flore parisienne.

Mais ce fut M. le docteur Pfeiffer qui lui donna une organisation
plus complète en 1845 et 1846 , sous le nom de *Cuscutaceæ*, employé par Bartling (2), et cette organisation fut le résultat de la
découverte de son *Cuscuta Hassiaca*, qu'il avait décrit comme sim-

---

(1) Le compilateur Walpers a eu moins de condescendance que
M. Choi y ; mais je croi qu'il est entré plus avant dans les pensées
intimes de ce monographe, et qu'il en a donné la véritable expression
lorsqu'il a dit avec une légère nuance de reproche : « *Monuit frustrâ*
« *ill. Choisy ,* Cuscutas omnes, *licet calycis, corollæ et stigmatis struc-*
« *turâ non parùm inter se diversas, unicum tamen naturalissimunque*
« *efficere genus»* (genre *linnéen* admirablement naturel : qui le nie ?),
« *ab ill. Pfeiffer nuperrimè divisum.* » Mais comment concevoir que
MM. Choisy et Walpers n'aient rien vu des différences carpologiques ?

(2) M. Kirschleger (Flore d'Alsace, T. I, 11ᵉ livr., p. 527 ; (1851)
a suivi cet exemple.

ple espèce en 1843. Cette plante, étudiée plus à fond et comparativement avec d'autres espèces européennes et américaines, lui révéla l'existence de plusieurs groupes *génériques*, caractérisés par des modifications d'une incontestable valeur, et qui justifient amplement le rang de *famille*, attribué au vieux *genre* linnéen. M. Choisy, de son côté, n'avait pas été sans prévoir cette dernière conséquence du premier pas qu'il avait presque encouragé : *Nec tunc eis difficile erit genera perplura creare* (loc. cit.).

Les journaux botaniques allemands sont fort rares et peu lus dans notre Sud-Ouest. C'est donc dans les *Annales des sciences naturelles*, 3e série, T. V., p. 83 et suivantes [1846] (analyse écrite par M. Buchinger), que nos botanistes trouveront le plus facilement les noms et les caractères des trois genres établis par M. le docteur Pfeiffer pour nos Cuscutacées d'Europe :

CUSCUTA (C. *major* et *minor* Bauhin, etc.),

EPILINELLA (C. *epilinum* Weihe),

ENGELMANNIA (C. *suaveolens* Ser. [C. *Hassiaca* Pfeiff. olim] et
les espèces américaines à stigmate en tête.

Cependant, ce dernier genre ne pouvait conserver un nom donné déjà à deux plantes différentes et consacré pour l'une d'elles. M. Buchinger en fit la remarque, et proposa de remplacer ce nom par celui de *Pfeifferia*. Ce dernier nom vécut encore moins que le précédent ; car, au bas de la page 88 du T. IX des *Annales* de 1846 où il était proposé, MM. les rédacteurs de ce recueil durent faire observer qu'il existait déjà un *Pfeiffera* dans la famille des Cactées (1).

Je ne sache pas que personne ait été depuis lors, comme je le suis aujourd'hui, mis en présence de la nécessité évidente de désigner ce genre afin de le distinguer des vraies Cuscutes, et par conséquent de lui chercher un nom. Mais je ne cours pas après le ridicule honneur de nommer un enfant dont je ne suis pas le père, et j'ai cru mieux faire en lui cherchant un parrain parmi les véné-

______

(1) Cette circonstance a échappé à l'attention de M. Alphonse de Candolle qui, dans sa *Note sur quelques noms formant double emploi* (Ann. scienc. natur., 1852 ; 3e série, T. XVII, p. 146), n'accorde au genre *Pfeiffera* du prince de Salm-Dyck que la date de 1850, tandis qu'il résulte de la note citée ci-dessus qu'il a été établi en 1845.

rables fondateurs de notre science. Cette ressource, que les botanistes consciencieux emploient fréquemment dans leurs travaux de
spécification et de démembrement générique, me semble, en
général, préférable à la méthode anagrammatique de feu Cassini,
méthode que j'aurai d'ailleurs l'occasion d'employer pour un autre
genre. Voici donc ce que j'ai ramassé de noms anciens, appliqués
à diverses espèces du genre linnéen *Cuscuta* :

On trouve dans Pline : *Cussuta*, *Cadytas*.

On employait en Syrie : *Cassytas*.

On lit à la fois dans J. Bauhin (Hist. plant., T. 3, cap. XLI, p.
266 ; Ebroduni, 1651) : *Cassuta*, *Cuscuta*, *Cassytha*, *Cassitha* et
Cassutha. (Ces deux derniers sont employés, l'un par Tabernæ-
montanus, Icon. 901, l'autre par Dodonæus.)

Tous ces noms nous viennent des Arabes, qui donnent aux
plantes parasites en question l'appellation de *Kossuth* ou *Chassuth*.

Il m'a donc fallu faire un choix arbitraire parmi ces variantes,
et je prie les Botanistes de consentir à ce que le genre *Engelmannia*
Pfeiff. (*Pfeifferia* Buching.) porte désormais le nom de

CASSUTHA J. Bauhin (à cl. Pfeiffer *Engelmannia* sensu strictiori
dicta).

On pourra m'objecter que le *Cuscuta Hassiaca* n'était pas connu
des anciens auteurs ; j'en conviens comme d'un fait au moins très-
probable ;—mais cette espèce s'attache principalement à la Luzerne,
et J. Bauhin dit précisément qu'en Belgique, la Cuscute a été
trouvée sur une Légumineuse, *in Genistâ parvâ*. Il semble même
attribuer des vertus spéciales à celles qui croissent sur des plantes
différentes : *Cæterùm iis, qui Cassytham parentis suæ facultatem
aliquam sibi quoque adsciscere autumant, subscribit etiam Dodonæus,
sic ut quæ* GENISTAM *superat, urinas potentiùs moveat, et ad alvi
dejectiones magis efficax sit, humidior quæ in Lino implicatur*, etc.
Donc, puisque le même nom est donné par lui au genre parasite
du Lin et à celui qu'on trouve habituellement sur l'Ortie, l'Yèble,
le Houblon, la Bruyère, etc., il est évident qu'il l'aurait donné
également à la plante qu'il connaissait sur les Légumineuses, et
qui, *peut-être*, n'était autre que le C. *Hassiaca*, reconnu maintenant dans plusieurs contrées de l'Allemagne et de la France, en
Suisse, en Piémont et en Corse.

Ceci posé, je crois devoir, pour la commodité des Botanistes du Sud-Ouest, transcrire ici la diagnostique que M. Pfeiffer attribue aux trois genres qu'il établit :

Cuscuta. *Calyx gamosepalus, 4-5-fidus vel 4-5-lobus; stigmata linearia; capsula circumscissa bilocularis.*

Epilinella. *Calyx 5-sepalus, sepalis carnosis, dorso carinatis, margine membranaceo basi subcoalitis; stigmata clavato-incrassata; capsula circumscissa bilocularis.*

Cassutha (sub Engelmannià). *Calyx gamosepalus 4-5-fidus; stigmata capitata; capsula apice dehiscens.*

§ 3. — *Établissement des genres* Monogynella *et* Succuta.

Les deux autres genres que je propose n'ont pas d'histoire. Ils n'ont que des caractères qui seront exposés méthodiquement en leur lieu, avec ceux que je précise pour les trois genres de M. Pfeiffer ; je ne veux, dans ce moment, qu'exposer en peu de mots les considérations qui m'ont déterminé à proposer deux coupes nouvelles.

1. Monogynella. M. Buchinger (loc. cit., p. 89) exprime un juste regret de ce que M. Pfeiffer n'a pu se procurer vivants les *Cuscuta monogyna* et *planiflora*, en sorte qu'il s'est trouvé privé de fixer leur place dans la répartition générique qu'il a imposée à sa famille des Cuscutacées.

Les bases posées par M. Pfeiffer sont si nettes, et j'ai reçu de si bons échantillons de ces espèces, que j'ose, même sur le sec et en suivant les errements de M. Pfeiffer, combler les deux lacunes que ce savant a laissées dans son utile travail.

La seconde de ces deux plantes est un vrai *Cuscuta.*

Je n'hésite pas à proposer, pour la première, la dignité générique sous le nom de *Monogynella*, qui rappellera son ancien nom spécifique et caractéristique.

Ce dernier ne pouvant lui être conservé, puisqu'il ferait double emploi avec le nom du genre, je dédierai l'espèce à Vahl, qui l'avait décrite et nommée. Je suis en cela l'exemple du vénérable M. Chaubard qui, ayant des raisons de changer le nom spécifique de cette plante, me fait l'honneur de me mander qu'il compte lui imposer celui de son inventeur (*Vahliana*). C'est justice, et en faisant cet emprunt (licite, je le crois) aux intentions de M. Chaubard, j'évite d'introduire un nom de plus dans la synonymie, soit pour ceux qui, comme lui, laisseraient l'espèce dans le genre *Cuscuta*, soit pour ceux qui adopteraient mon genre *Monogynella*.

Le signalement *abrégé* du nouveau genre, en le rédigeant selon la forme employée par M. Pfeiffer, serait celui-ci :

Calyx 5-sepalus, sepalis carnosis, margine membranaceo basi subcoalitis ; stylus unicus ; stigma ovato-capitatum ; capsula circumscissa bilocularis.

Ce genre se distinguera :

1º Du genre *Cuscuta*, par son calice à cinq *sépales*, son style *unique* et son stigmate *capité* ;

2º Du genre *Epilinella*, par son style *unique*, son stigmate *capité*, sa capsule *non perforée* au sommet, sa cloison *aussi haute* que la capsule, et ses graines très-*aplaties*.

3º Du genre *Cassutha* (*Engelmannia* Pfeiff), par son calice à cinq *sépales*, son style *unique*, son stigmate capité *oviforme*, sa corolle marcescente *au sommet* de la capsule, et sa capsule *circoncise*.

4º Du genre *Succuta* établi ci-après, par son style *unique*, son stigmate *capité*, sa capsule *circoncise* et non perforée au sommet, et ses graines rostrées, *sans aile*.

J'avais établi, nommé et caractérisé depuis plusieurs mois le genre *Monogynella*, lorsque j'ai pu enfin retirer des mains de l'éditeur les 2ᵉ et 3ᵉ sections du *Phytographia Canariensis*, et j'y ai vu avec orgueil et bonheur que M. Webb (III. p. 35) prédit *qu'on érigera cette espèce en genre* ou qu'on caractérisera différemment l'ensemble du genre Cuscute. Seulement, les caractères génériques indiqués par ce célèbre botaniste ne me semblent pas les plus importants qu'offre notre plante, et je n'admets pas celui qu'il tire de la *persistance de la cloison*, parce que je le retrouve dans d'autres Cuscutacées.

2. SUCCUTA. Le genre que je nomme ainsi, et dont le nom est formé de l'anagramme cassinien du mot *Cuscuta*, serait caractérisé comme il suit dans la forme employée par M. Pfeiffer :

Calyx gamosepalus 5 — fidus; stigmata linearia; capsula apice dehiscens (ex cel. Webb); semina discoidea, plus minus alata (in cæteris generibus subglobosa, exalata).

Il diffère en effet de tous les autres genres de Cuscutacées par ses graines *ailées*, au moins dans leur jeunesse (je ne les ai pas vues mûres), et de plus, en particulier :

1° Du genre *Cuscuta*, par ses graines *discoïdes* et sa capsule *non circoncise* ;

2° Du genre *Epilinella*, par les mêmes caractères et par sa cloison *aussi haute* que la capsule ;

3° Du genre *Monogynella*, par ses *deux* styles, ses stigmates *filiformes*, et sa capsule *non circoncise*;

4° Du genre *Cassutha*, par ses stigmates *filiformes* et ses graines *discoïdes* et sans rostre.

Je dois donner quelques explications sur le caractère générique que je viens de citer d'après une communication de M. Webb.

Au moment même où j'ai analysé le *Cuscuta alba* Presl, de Sicile, ses graines *ailées* et la position de leur hile m'ont déterminé à l'ériger en genre distinct. J'ai fait part de mon opinion à M. Du Rieu, et ma satisfaction a été bien grande quand il m'a répondu (le 28 mars 1852) par ces mots que je copie textuellement : « M. Webb était déjà convaincu, à part lui, que le *C.* « *alba* devrait constituer un genre, à cause de la déhiscence de sa « capsule *comme celle des Convolvulées*. »

Or, ce caractère si important, qui me force à transporter le nouveau genre dans ma tribu des Cuscutinées, je ne le connais que d'aujourd'hui (30 mars 1852), par la lettre de M. Du Rieu, et je ne pouvais pas le connaître plus tôt, car le fragment de l'échantillon unique que possède M. Gay, fragment dont il a eu la bonté de m'enrichir, est bien loin de l'époque de la déhiscence. Cependant, je dois dire que rien, dans mes analyses de la fleur, ne m'avait conduit à prévoir cette différence : l'ovaire et la corolle se détachent bien facilement, l'un avec l'autre, du fond du calice ; mais une observation de M. Webb est chose trop précieuse et trop sûre pour que je ne doive pas l'enregistrer comme un fait acquis à la science, et je la place au rang de mes caractères génériques dont elle décuple la force. Certes, M. Webb, M. Gay et moi, nous sommes tous trois bien peu riches en échantillons de la plante de Presl, et mes diagnoses devront s'en ressentir ; mais voici le genre établi sur des bases, ce me semble, inattaquables, et d'autres observateurs viendront à leur tour, qui pourront compléter ou rectifier les détails.

Je ne suis pas contraint de changer le nom spécifique (*alba*) de la Cuscute de Presl, comme j'ai été forcé de changer celui de la plante de Vahl. Je le conserve donc, et la plante sicilienne sera pour moi *Succuta alba* Presl (sub *Cuscuta*).

CHAPITRE II.

GÉNÉRALITÉS ORGANOGRAPHIQUES.

§ 4. — *Caractères extérieurs des graines des Cuscutacées.*

J'ai plusieurs choses nouvelles à dire sur les différences géné-.riques et spécifiques des graines dans cette famille ; mais je dois auparavant esquisser leurs caractères généraux , et je n'ai l'intention de parler que de ceux qui sont *purement extérieurs*. Les semences des Cuscutacées sont presque toutes si petites , et leur macération est si difficile, que je n'ai pas de moyens d'investigation suffisants pour constater les caractères différentiels qui pourraient existér dans l'embryon des divers genres.

Mes observations sur la couleur et les points creux de la surface du tégument dans les diverses espèces , ont été faites en même temps, à l'aide du microscope de Raspail et sous les rayons d'un soleil brillant : je crois donc pouvoir les donner comme comparatives. Ces indications, purement spécifiques , ainsi que les mesures que j'ai prises des dimensions des graines , trouveront leur place dans les paragraphes suivants. Je ne m'occupe ici que des caractères afférents aux coupes génériques.

Un seul excepté , tous les auteurs que j'ai pu consulter se bornent à répéter, d'après Gœrtner , que l'embryon des Cuscutacées est dépourvu de cotylédons (ce qui est fort naturel, puisque les feuilles manquent entièrement), filiforme , enroulé en spirale plus ou moins complète autour d'un *endosperme* charnu ; et , en admettant leur assertion , ce mot convient mieux que celui de *périsperme*, puisque ce serait ici l'embryon qui entourerait ce corps.

Le seul M. Webb, dans son magnifique *Phytographia Canariensis*, III. p. 35, aborde cette étude délicate et rectifie Gœrtner et ses copistes. Cette rectification paraît n'avoir pas été connue de quelques botanistes qui ont publié leurs ouvrages peu après l'impression de cette partie du sien (M. Kirschleger, *Flore d'Alsace*, 11e livr. 1854; MM. Grenier et Godron, *Flore de France*, T. II, 2e partie, 1852). M. Webb dit (loc. cit) : *Embryo .... intrà sacculum pellucidum perispermo carnoso-mucilaginoso indutum farctumque spiraliter convolutus vel cochleatus.* — Et, en note, il dit encore, en parlant de l'embryon : *Tegmine proprio perispermo induto farctoque involvitur et inter involutiones ut in Convolvulaceis obtruditur perispermi incompleti diaphani mucilago.*

Voilà pour l'embryon en général, et , quant à l'aspect extérieur des graines , personne que je sache n'en parle , si ce n'est encore M. Webb , qui les dit (loc. cit.) *globoso-3-quetra , puncticulata , testâ coriaceâ vel corneâ* ; puis il caractérise et figure, très grossies, celles de deux espèces de Cuscutes qu'il décrit comme nouvelles.

Je crois donc que les généralités *extérieures* que je suis à même d'exposer , bien que n'étant plus complétement neuves , pourront encore offrir quelque importance.

Les graines sont normalement au nombre de quatre dans les genres *Cuscuta, Epilinella, Cassutha* et *Succuta,* — au nombre de deux seulement dans le *Monogynella.* Cette dernière condition est probablement due à un avortement constant, puisqu'on s'accorde à penser que le style unique de ce genre est formé par la soudure intime des deux styles du reste de la famille.

La cicatrice du hile est placée au centre d'une aréole arrondie , en forme d'écusson, plus lisse que le reste de la *testa ,* et qui s'en distingue par une couleur plus foncée quelquefois , en général plus claire. Cet écusson, presque toujours un peu applati, souvent saillant, est comme *radié* par des linéoles blanches, très-faibles , qui ne sont que des frustules ou débris du mucilage réticulé qui enveloppe la graine , et qui lui-même est le reste d'une tunique probablement continue dans le jeune âge. Les bords de cette membrane s'enfoncent dans la cicatrice du hile, et laissent adhérente à ses deux lèvres une frange déchirée et blanche qui permet de l'apercevoir plus facilement.

Or, qu'est-ce que ce *mucilage réticulé* qui enveloppe la *testa ?*

C'est tout simplement le corps encore innommé, si je ne me trompe, que A. P. de Candolle a décrit en ces termes (Prodrom. I. p. 132) dans ses généralités sur les Crucifères, en parlant du spermoderme qu'il dit être, dans cette famille, *crassiusculum, extùs ut videtur* PELLICULA *cinctum nunc* ADPRESSISSIMA *, nunc in alam membranaceam* EXPANSA , NUNC PER AQUÆ IMBIBITIONEM RETICULATÌM MUCILAGINOSA GELATINOSÂVE FACTA.

Mais cette **PELLICULE**, qu'est-elle elle-même ?

A. Richard, dans ses *Nouveaux Eléments de Botanique* (p. 393),
dit que l'épisperme est presque toujours simple et unique autour
de l'amande, et que, lorsqu'il est composé de deux membranes,
l'extérieure (*testa*) est plus épaisse, dure et solide, tandis que l'intérieure (*tegmen*) est plus mince.

Ici, les pures apparences extérieures indiqueraient le contraire,
puisque l'enveloppe la plus mince serait en dehors ; mais ces
apparences seraient trompeuses, puisque M. Webb, qui sera désormais le père de la séminologie des Cuscutacées, nous apprend
encore que les graines de cette famille ont une enveloppe plus
mince, un véritable *tegmen*, en dedans de la *testa*. Voici les mots
qu'il emploie en décrivant l'embryon : *Intrà tegmen perispermopho-
rum;...intrà sacculum pellucidum perispermo indutum farctumque,...
tegmine proprio perispermo induto farctoque involvitur*. Et puis, pour
chacune de ces deux espèces, il décrit encore spécifiquement le
tegmen.

La graine des Cuscutacées est donc aussi complète, quant à ses
enveloppes, que celle des Crucifères, et, de plus que celle de ces
dernières, elle a un *périsperme, endosperme* ou *albumen*.

Je puis donc considérer comme analogues entre eux, la *pellicule* des Crucifères et le *mucilage réticulé* des Cuscutacées. Quel
nom lui donner, dirai-je encore une fois ?

Un botaniste habile s'en est occupé, mais je ne possède malheureusement pas le travail qu'il a écrit à ce sujet, et j'ignore non-
seulement s'il l'a livré à l'impression, mais encore s'il l'a terminé.
Je sais seulement, par les procès-verbaux de la Société Linnéenne
de Normandie (T. 8, p. L. de ses *Mémoires*, 1843 à 1849), que ce
botaniste, M. le professeur Chauvin, de la Faculté des sciences
de Caen, a lu à la Compagnie, pendant cette période d'années, la
première partie d'un Mémoire *sur l'origine et la nature de la couche
muqueuse qui apparait à la surface de certaines graines, lorsqu'elles
sont mises en contact avec l'eau*, et qu'il y voit, non pas *une pulpe
mucilagineuse amorphe,.... mais une couche tissulaire d'une organisation parfois très-complexe*. Je n'ai pas entrepris, sur les Cuscutes,
l'étude de ce mucilage que j'ai beaucoup étudié dans les Cucifè-
res, mais je suis convaincu qu'on en retirerait des observations
intéressantes et peut-être importantes.

« Le hile, » continue Richard (ibid.), « est toujours placé sur

« l'épisperme. » Or, c'est ici le cas, puisque la PELLICULE s'enfonce dans l'intérieur de la cicatrice. La PELLICULE fait donc partie de l'épisperme (!), car elle adhère et persiste en se déchirant sur la graine, et c'est là ce qui m'empêche de la considérer comme un *arille*, qui ne doit *adhérer aucunement à l'épisperme, excepté par le contour du hile*. (Richard, loc. cit. p. 379.) Enfin, et comme confirmation de cette exclusion de l'arille, rappelons une loi jusqu'ici sans exception, *c'est que l'arille ne se rencontre jamais dans des plantes dont la corolle est monopétale* (Richard, loc. cit., p. 380), et les Cuscutacées sont dans ce cas.

Je n'ai fait qu'indiquer ce sujet de recherches nouvelles, sans avoir l'intention de m'y engager. Je vais seulement au devant d'une objection. Il faut parfois séparer par force, dans l'*Epilinella*, les deux graines contiguës d'une même loge, tant le mucilage réticulé les a collées l'une à l'autre ; et parfois on trouve des graines du genre *Cuscuta* qui sont ainsi collées jusqu'à un certain point. Cette circonstance indiquerait-elle que le mucilage réticulé appartiendrait au péricarpe (1) ou au trophosperme (cloison), et non à l'épisperme auquel, dans cette hypothèse, il n'adhérerait pas organiquement, mais auquel il serait simplement collé par dessèchement ? — Autre question que je n'entreprends pas de résoudre, mais qui paraîtrait devoir être résolue négativement, attendu la définition ci-dessus de l'arille.

Il me reste à faire connaître, avec plus de détails que ne l'a fait M. Webb, l'aspect extérieur du tégument propre (*testa*) de la graine des Cuscutacées. Sa surface est *réticulée* très-finement, c'est-à-dire creusée d'innombrables points ronds, enfoncés (comme un dé à coudre, comme aussi la graine du *Scirpus Savii*), contigus, qui semblent affecter une disposition sériale, et que séparent de minces crêtes. On distingue souvent les creux *sous la pellicule* (mucilage réticulé), quand la graine est jeune ; et lorsque la graine mûrit, la pellicule persiste plus longtemps *sur les crêtes* que sur les points creux qu'elles séparent.

Ces points creux sont très-superficiels, larges et peu marqués dans les genres *Monogynella*, *Cassutha* et *Succuta*, où les crêtes

(1) La paroi interne des capsules est lisse et luisante au point de rendre inadmissible cette partie de l'hypothèse ! La pellicule n'y a aucune adhérence !

sont réduites presque à rien. Ils sont beaucoup plus distincts et profonds dans les *Cuscuta*, et plus encore dans l'*Epilinella*.

Quand les crêtes sont peu saillantes, la graine semble plutôt veloutée que réticulée ; quand elles le sont beaucoup, elle semble *muriculée* sous le microscope.

Les plus menus débris de la pellicule, et le miroitage des points creux, au microscope et au soleil, sont la cause des points brillants dont la graine paraît alors saupoudrée et comme *écaillée*.

L'exception que présente le genre *Monogynella*, sous le rapport de son style et du nombre de ses semences, se retrouve également dans la forme et dans la grosseur de ces dernières. Elles y sont fortement *comprimées latéralement*, et leur forme serait celle d'un disque à bords renflés, si elles ne se terminaient par une sorte de bec droit quand la graine est jeune, légèrement recourbé quand elle est mûre. Dans le pli qui sépare du disque la base interne de ce bec, se trouve une cicatrice linéaire, transversale-oblique, blanchâtre, un peu plus rapprochée d'une des faces du disque que de l'autre : c'est le hile.

Le genre *Succuta* présente aussi des graines comprimées, discoïdes, mais sans bec et pourvues d'une aile (modification peut-être de la pellicule ou mucilage réticulé). Leur hile est placé sur le disque, entre le milieu de celui-ci et le bord.

Dans les trois autres genres de la famille, les graines sont plus ou moins *ovoïdes*, sub-globuleuses, sub-arrondies et presque toujours plus ou moins *anguleuses*, quand elles sont entassées, au nombre de quatre, dans la capsule. Elles sont moins irrégulières quand leur nombre est réduit à trois ou à deux par l'avortement d'une ou de deux d'entre elles, car alors elles ont assez de place pour se développer sous une forme plus symétrique. Dans ce cas, on trouve souvent le rudiment de la graine avortée encore adhérent à la base de la cloison. Lorsque les quatre graines existent, les deux d'une même paire (ou *loge*) ont toujours un *pan-coupé* ou surface plane par laquelle elles se touchent latéralement.

Les trois genres dont les graines sont ovoïdes, présentent encore dans leur structure des nuances importantes et caractéristiques. Ainsi, le bec, presque rudimentaire, mais encore visible et très-saillant quand la graine est jeune, se retrouve dans le genre *Cassutha*. Mais ici la cicatrice du hile, placée de même, est plus large et moins longue (en forme de *vulve*, de *navette* ou de petit bateau, au lieu de simple fente linéaire); de plus, elle se rapproche un peu plus de la surface intérieure du disque (*face* de la graine, Richard). Je parle ici de la graine mûre, car avant sa maturité la cicatrice est encore souvent linéaire; et comme la forme de la graine est très-variable et que le bec est souvent presque indistinct, on a quelque peine, dans certains cas, à apercevoir le hile.

La graine de l'*Epilinella* est très difficile à étudier : c'est la seule qui m'ait donné une peine notable. Elle tient le milieu, sous certains rapports, entre celles des trois genres précédents et celle du suivant ; mais elle appartient décidément à la seconde division (hile manifestement *longitudinal* ou *vertical*, et ne semblant pas transversal au grand diamètre). Cette disposition est pourtant bien moins sensible que dans le genre *Cuscuta*, dont la graine est plus alongée et plus régulière. Dans l'*Epilinella*, au contraire, elle est très-irrégulière, fortement anguleuse, bosselée et comme chiffonnée, à cause de deux grands plis, ou mieux, de deux grandes dépressions en forme de fossettes, qui sont creusées dans les deux facettes dorsales de la graine (*externes* par rapport à la facette d'adhérence des deux graines d'une même paire, et à la facette qui, dans chacune d'elles, s'appuie contre la cloison). Ces grandes fossettes irrégulières, alongées, larges, inégales à tel point que parfois l'une d'entre elles n'existe pas, simulent des ombilics, d'autant plus que les réticulations de la *testa* et le mucilage réticulé qui les tapisse, sont bien plus abondants là qu'ailleurs. Il est difficile, lorsqu'on commence l'étude d'une graine isolée, de ne pas prendre la plus grande de ces fossettes pour le point d'attache de la graine, et c'est par cette erreur que j'ai débuté. Il m'a fallu étudier à plusieurs reprises la position normale dans la capsule, d'une paire de graines agglutinées par leur mucilage, pour me convaincre que je devais chercher ailleurs le hile. Je l'ai enfin trouvé, très petit, longitudinal, linéaire quand il conserve les bords blancs de la membrane mucilagineuse, plus élargi et en forme de navette ou de vulve lorsqu'il en est dépouillé. Il occupe le centre de l'écusson souvent basilaire, presque toujours saillant entre la facette d'adhérence de la graine et la facette qui regarde la cloison.

Il résulte de tout ceci que la graine de l'*Epilinella* est le plus souvent aussi large que haute, grossièrement cubique, de manière à présenter deux faces aplaties et deux faces convexes, ces dernières creusées chacune d'une fossette; qu'elle a, par conséquent l'indication grossière de quatre angles, par la base de l'un desquels elle est attachée à la cloison. Voilà sa forme normale; mais, je le répète, les détails de cette forme sont variables et irréguliers au possible. L'abondance du mucilage réticulé vient encore prêter son secours à ces caractères déjà si différents de ceux des graines qui me sont connues dans les autres genres, et je crois pouvoir dire qu'à l'aide d'une bonne loupe, je parviendrais à reconnaître des semences d'*Epilinella* qu'on aurait mêlées à celles de plusieurs espèces de *Cuscuta*.

C'est là, ce me semble, la plus satisfaisante confirmation du démembrement des Cuscutacées en plusieurs genres; et ni M. Choisy, ni M. Webb, ni M. Pfeiffer lui-même, ne paraissent l'avoir aperçue. S'il en eût été autrement, ce dernier aurait, je pense, employé un caractère si éminent dans la délimitation de ses genres, et l'extrait de son travail, rédigé par M. Buchinger, en aurait certainement fait mention.

Je viens de parler de l'abondance du *mucilage réticulé* autour des graines de l'*Epilinella*; elle est telle qu'il unit souvent très-intimement entre elles les deux graines d'une même loge, lesquelles se touchent par leur pan coupé, et les colle l'une à l'autre, en sorte qu'il faut les séparer à l'aide d'une pointe de canif.

J'arrive enfin au genre *Cuscuta* proprement dit. Le bec recourbé des graines des deux premiers genres a totalement disparu dans le *Succuta* et l'*Epilinella*, et n'existe point non plus dans le *Cuscuta*; mais il semble y laisser, du moins dans plusieurs espèces, un souvenir de son existence, sous la forme d'un simple rétrécissement basilaire ou prolongement basal, marqué d'un écusson ordinairement saillant (quand la graine est mûre), sur lequel se dessine le hile, cicatrice courte, linéaire, jamais élargie en navette et *manifestement longitudinale* (verticale); car la graine, ovoïde et dressée, est toujours plus haute que large. Cette forme ovoïde est loin d'être régulière, et les graines sont fort sujettes à se bosseler et à se déformer, gênées qu'elles sont par les capsules voisines qui se pressent dans le même glomérule de fleurs; mais elles ne montrent pas ces dépressions ou fossettes si caractéristiques des semences de l'*Epilinella*.

La partie la plus amincie du grand diamètre, dans la graine des espèces de *Cuscuta* dont je parle, porte l'écusson saillant ou du moins applati, un peu au-dessus de la base de la graine, formée par cet amincissement, et toujours en dehors mais très-près du pan coupé ou face d'adhérence des deux graines d'une même paire. L'écusson est placé de même dans les graines figurées par M. Webb et qui n'offrent pas d'amincissement basilaire.

Dans le *Cuscuta europœa*, dont la graine est plus grosse que celle des autres espèces que j'ai étudiées, l'amincissement basilaire est moins marqué que dans le C. *Kotschyi* par exemple ; mais la cicatrice du hile est très-facile à voir. J'ai observé une semence dont la déformation était telle, que cette cicatrice se trouvait au fond d'une légère dépression, au lieu de s'ouvrir sur une surface plane ou saillante.

Dans les *Cuscuta Kotschyi* et *epithymum* au contraire, les graines sont presque microscopiques, et la position du hile dans le sens du grand diamètre est parfois peu facile à constater, parce que le grand diamètre diffère fort peu du petit. L'amincissement basilaire est presque nul dans le C. *epithymum*, et sa cicatrice paraît habituellement un peu oblique. Dans le C. *Kotschyi*, il est si marqué qu'il constitue une sorte de prolongement qui rappelle un bec ou *rostre* rudimentaire mais droit, et la cicatrice conserve cette direction.

Je me résume. — Dans les Cuscutacées, la graine est toujours *dressée* ; par conséquent, il faut bien que la *différence de direction* du hile soit seulement apparente et non réelle.

Dans les genres *Cuscuta* et *Epilinella*, la graine est *droite*, sans aucune courbure de son grand axe. Dans le premier genre, elle est plus haute que large, et sa cicatrice se montre manifestement longitudinale, eu égard à ce grand axe. Dans le second genre, elle est à peu près aussi large que haute, quelquefois plus, ce qui fait paraître la cicatrice transversale au grand diamètre, sans qu'elle le soit réellement.

Dans les *Cassutha* et les *Monogynella* au contraire, la graine tend à se rouler sur elle-même dans le sens de son grand axe, et en même temps elle est toujours beaucoup plus large que haute. Dès-lors, la cicatrice y paraît manifestement transversale au grand diamètre, sans comparaison davantage que dans l'*Epilinella*.

Dans les *Succuta* enfin, cette courbure est plus complète encore

intérieurement : elle a pour effet de refouler le rostre dans l'intérieur du disque que forme la graine, et le rostre entraîne avec lui
le hile, qui est vertical ou sub-oblique, dans cette dernière position.

Mais en fait, la cicatrice est nécessairement et constamment
longitudinale, dans toutes les Cuscutacées, par rapport à la base
et au sommet *organiques* de leurs graines, c'est-à-dire par rapport à leur position dans la capsule. Théoriquement, elle est *verticale*, et la graine du *Monogynella*, qui est *très-largement comprimée*, ne pourrait trouver place dans sa capsule, si la cicatrice
conservait cette direction normale; c'est ce qui force cette graine
à se redresser comme une brique posée *de champ.*

§ 5. — *Généralités organiques communes à toutes les Cuscutacées.*

L'expérience nous apprend qu'il faut se défier de tout ce qu'on
croit savoir, et revoir avec soin tout ce qu'on serait porté à sup-
poser suffisamment étudié. Aussi ai-je pris la résolution d'appli-
quer une analyse sévère, en m'aidant du microscope, à toutes les
Cuscutacées que j'ai pu me procurer *en nature*. Voici les résultats
de ce travail qui n'eût été que fort minutieux, si je l'eusse pu
faire sur le vif, et qui devient réellement fatiguant et pénible à
accomplir sur le sec. Je dois dire que cette dernière circonstance
ne rend pas les investigations moins sûres; car toutes les parties,
même les plus ténues de la fleur et du fruit des Cuscutacées, se
conservent aussi parfaitement que dans le genre *Cerastium*, où on
peut les étudier aussi bien, desséchées depuis un demi-siècle,
que si elles pendaient encore par racines. Les Cuscutacées offrent
même un avantage réel sur le genre que je viens de citer, en ce
que leur consistance, plus charnue que membraneuse à l'état de vie,
laisse à leurs tissus une ténacité extraordinaire. Pour si desséchées
et friables qu'elles paraissent, on peut les ramollir à l'aide de la
langue, ou bien mieux encore les faire épanouir de nouveau à
l'aide de l'eau *très-chaude* et même *bouillante*, puis les tirailler, les
lacérer avec une aiguille, sans rendre leurs formes méconnaissa-
bles, et sans détruire même les étamines ou les franges délicates
des écailles hypostaminales.

Je présenterai donc, dans ce travail, la description rigoureusement comparative, autant que j'aurai su la faire, des caractères organiques de toutes les espèces que j'ai sous les yeux, et seulement de ces espèces.

Je donnerai ensuite leur synonymie (en partie du moins), puis quelques détails sur leurs provenances, enfin, les observations diverses auxquelles elles pourront donner lieu. Mais auparavant, vidons quelques questions préjudicielles et d'un intérêt plus général pour l'étude d'ensemble de la famille.

1° Inflorescence.

Le genre *Monogynella* est en ÉPI lâche, avec une bractéole sous chaque fleur.

Le genre *Cassutha* est en CORYMBE lâche et irrégulier, portant soit des fleurs isolées et munies chacune d'une bractéole, soit des ombellules dont chaque fleur est munie d'une bractéole.

Les genres *Cuscuta*, *Epilinella* et *Succuta* sont en GLOMÉRULES sessiles, globuleux, et leurs fleurs me semblent constamment dépourvues de bractéole propre.

Dans tous les genres, l'inflorescence (*épi, corymbe* ou *glomérule*) est constamment soutenue (et enveloppée dans son extrême jeunesse) par une *bractée* plus ou moins naviforme, dont le contour et la consistance varient avec les espèces, et qui, lors du développement des fleurs, se renverse plus ou moins le long de la tige.

Les genres à *glomérules* (*Cuscuta*, *Epilinella*, *Succuta*) offrent le plus souvent, en apparence, de nombreuses bractéoles amoncelées à la base du glomérule ; mais on s'aperçoit bientôt que ces fausses bractéoles ont la consistance et la couleur des calices, et non celles des appendices *bractéaires*, s'il m'est permis de parler ainsi (il est évident que si les Cuscutacées avaient des feuilles, elles seraient de même nature que la bractée). Je crois donc pouvoir affirmer que cette fausse apparence est toujours due à la présence de fleurs ou très-jeunes ou avortées et réduites à des calices rudimentaires ; d'autant plus que, dans les espèces dont les calices se gonflent au contact de l'eau très-chaude, cette singulière propriété est constamment partagée par les fausses bractéoles dont je parle, et nullement par les vraies bractées.

Dans mes diagnoses françaises, je mentionnerai l'absence de ces fausses bractéoles par les mots *Fleurs nues*, — leur présence par ceux-ci : ***Fleurs avortées à la base du glomérule***.

Dans les trois genres *à glomérules*, le pédicelle propre de la fleur, toujours charnu et souvent coloré, est tantôt nul (c'est-à-dire réduit à une dimension inappréciable, qui ne permet pas de le distinguer de la base du calice), tantôt très-court ou *presque nul*, tantôt enfin plus ou moins prolongé sous le calice. Dans ce dernier cas, il se montre distinctement quadrangulaire, étroitement ailé sur ses quatre angles (comme une tige d'*Epilobium* ou d'*Erythræa*). Ce pédicelle propre est toujours perforé au centre, de manière à constituer un tube à parois épaisses, à pertuis très-étroit. Je ne le décris que pendant et après l'anthèse, parce qu'il est ordinairement nul tant que le bouton de la fleur est encore jeune.

Dans le *Cassutha arabica*, le pédicelle propre ne m'a paru quadrangulaire que quand il est desséché ; l'imbibition le rend cylindrique. Dans le *Cassutha suaveolens*, le pédicelle, sec ou humecté, est toujours anguleux et ailé.

2° Calice.

Il est manifestement *gamosépale* dans les genres *Cuscuta*, *Cassutha* et *Succuta* ; mais ses lobes s'élargissent parfois au-dessus du point de séparation, de façon qu'ils chevauchent l'un sur l'autre par leurs bords (*lobi imbricantes*, Webb).

Dans les genres *Monogynella* et *Epilinella*, le calice est si bien fendu jusqu'à la base, que son tube est nul et que ses *pseudosépales* semblent constituer deux verticilles (trois pour l'extérieur, deux pour l'intérieur).

Il est, partout, ou *excipuliforme* (en soucoupe), ou *urcéolé* (en godet), ou *obconique* (en forme de cloche).

Sa consistance est le plus souvent plus épaisse, plus charnue que celle de la corolle, et, dans certaines espèces, l'imbibition de l'eau bouillante ou presque bouillante (lorsqu'il est desséché) a ce singulier effet de faire gonfler plus ou moins ses lobes en forme de vessies allongées. Le *Succuta alba* et quelques *Cuscuta* qui semblent appartenir à la végétation méditerranéenne m'ont offert ce caractère, qui dès-lors n'a rien de générique et doit faire l'objet d'une observation spéciale à chaque espèce de Cuscutacée. Il n'existe chez aucune des quatre espèces de *Cassutha* que j'ai analysées.

Chez l'*Epilinella*, le calice s'épaissit au contact de l'eau bouillante et prend une apparence charnue, mais ses lobes ne se gonflent pas en vessies.

3º **Corolle.**

La corolle, toujours plus ou moins membraneuse, se revivifiant parfaitement, mais ne se gonflant jamais au contact de l'eau chaude, est ou *urcéolée* (en grelot), ou *campaniforme*, ou *sub-cylindrique*. Toujours monopétale, elle n'est jamais plus fendue que jusqu'à la moitié de sa longueur totale.

La forme de ses lobes varie peu. Toujours plus ou moins triangulaires, ils peuvent être *séparés*, ou *contigus*, ou *recouvrants* (*imbricantes*) à leur base. Dans la plupart des espèces, ils sont *étalés*.

4º **Etamines.**

Le filament est nul dans le seul genre *Monogynella*, dont les étamines sont par conséquent *incluses*. Partout ailleurs, elles sont *exsertes*, parce que le filament est inséré soit au fond de l'échancrure des lobes corollins, soit au-dessous (parois du tube), mais toujours très-près du bord de cette échancrure. Il arrive souvent que la ligne *axile* du filament se prolonge à l'intérieur du tube de la corolle jusqu'à la base de celle-ci, sous la forme d'une nervure ou d'un épaississement filiforme ou plus élargi, comme si la partie inférieure du filament était adnée ou incorporée au tube. Mais comme cette disposition n'est presque jamais d'une évidence incontestable, je décrirai toujours le filament comme inséré sur la paroi du tube, au fond ou un peu au-dessous du fond de l'angle qui sépare deux des lobes de la corolle.

Il est donc parfaitement inutile d'employer dans les diagnoses, comme le font d'ordinaire les auteurs, les mots *exsertes* et *incluses*, en parlant des étamines, puisqu'elles sont toujours *exsertes* (hors du tube de la corolle), excepté dans le *Monogynella*. Elles sont accrescentes pendant l'anthèse, et il n'y a qu'à faire mention de leurs proportions, soit sous le rapport de l'anthère comparée au filament, soit de l'étamine adulte comparée à la longueur totale de la corolle (extrémité des lobes corollins *dressés*).

L'anthère est en général légèrement apiculée, et son *apex*, peu

facile à voir, est court, obtus, blanc, transparent. C'est M. Babington qui a introduit cette considération au nombre des caractères
spécifiques, et si tant est que son existence soit susceptible d'être
constatée à tous les âges de la fleur, je la trouve d'une investigation
trop peu facile et trop peu certaine pour être commode et partant
très-utile.

Les loges de l'anthère sont plus ou moins ovales, et leur réunion
conserve à l'ensemble cette forme, plus ou moins allongée ou
élargie. Vierges, et aussitôt qu'elles ont quitté la livrée commune
(verte) des jeunes végétaux en voie de développement, pour
prendre une *couleur*, ces loges sont blanchâtres, jaunes ou roses.
Quand elles vieillissent, et surtout après leur déhiscence, elles
sont souvent bordées, au côté externe, d'une raie longitudinale
d'un pourpre noir. Ce caractère, que j'ai retrouvé sur presque
toutes les espèces, ne m'a pourtant rien offert de constant, et j'en
supprime l'indication dans mes diagnoses. La couleur pourpre ou
violacée, mais plus claire, envahit parfois toute l'anthère dans
sa vieillesse.

5° Ecailles hypostaminales.

Ces singuliers et mystérieux organes offrent probablement de
très-bons caractères, et ces caractères doivent être très-cons-
tants! Mais il faut des grossissements énormes et des analyses très-
délicates pour les voir dans leur état d'intégrité. Ce genre de travail m'a offert tant de difficultés, et je n'ai pu le faire *complètement*
que sur un si petit nombre d'espèces, que je me suis abstenu de
faire entrer la considération de ces organes au nombre des caractères génériques.

Autant que j'ai pu m'en faire une idée, je crois que, dans toutes
les Cuscutacées, une lame membraneuse, incolore et très-mince
(COURONNE), est soudée au pourtour intérieur de la base de la corolle.
Cette couronne est complète, continue, adnée au tube dans tout
ou partie de sa hauteur qui est variable. Le limbe de la couronne
se divise en cinq (ou en quatre) lobes rarement entiers ou digi-
tés, le plus souvent frangés à leur sommet ou sur toute la longueur
du bord de leur limbe qui est ou libre et connivent en voûte sur
l'ovaire, ou adné au tube dans une portion de sa longueur.

Ces lobes sont les écailles, qui sont ou *simples*, c'est-à-dire opposées à l'axe du filament fictivement prolongé en descendant le long du tube corollin, — ou *bifides* (doubles), c'est-à-dire divisées en deux lanières, dont une est à gauche et l'autre à droite de cet axe fictif.

Il y a des Cuscutacées (et c'est le plus grand nombre), où j'ai vu les écailles *simples*. Il y en a d'autres (*Cuscuta europœa* par exemple) où je les ai vues *bifides*. Mais il en est sur lesquelles je n'ai pu constater positivement cette particularité. Je me suis donc borné à décrire ces organes pour chaque espèce, quand je l'ai pu, mais sans rien généraliser.

Les écailles sont séparées à leur base par des *sinus intersquamaires*, dont M. Babington a fait entrer la forme et la dimension au nombre des caractères spécifiques de ses Cuscutes; mais j'ai renoncé à en faire usage, à cause de l'extrême difficulté qu'en présente l'observation.

Dans un petit nombre de Cuscutacées, il m'a semblé que les *sinus intersquamaires* étaient courtement ciliés en leur bord ; dans d'autres, ce bord est évidemment nu.

La couronne est, le plus souvent, très-difficile ou même impossible à distinguer. On la voit très-bien quand, bien détachée de la paroi du tube, elle dirige les écailles vers l'ovaire, comme pour le recouvrir d'une voûte (*squamœ convergentes*). Cet effet n'est obtenu dans son entier (*squamœ fornicantes*) que quand les écailles sont extrêmement longues et larges, et la capsule mûre plus courte que le tube de la corolle : aussi ne l'ai-je observé que dans le *Cuscuta epithymum*, que ce caractère me parait distinguer éminemment.

Cependant (dans le *Cuscuta Kotschyi* par exemple) on voit quelquefois très-bien les écailles *convergentes* lorsqu'on regarde l'ovaire à l'intérieur du tube, à travers l'ouverture de sa gorge (même sur la fleur comprimée); mais cet ovaire n'est pas recouvert complètement par les écailles, et celles-ci se redressent contre la paroi du tube, à mesure que la capsule grossit.

6° Pistil et capsule.

Les Cuscutacées qui me sont connues offrent, dans leur capsule, trois systèmes distincts d'organisation.

La tribu des Cuscutinées, où je ne connais bien que le genre

Cassutha, a la capsule persistante, déchirée irrégulièrement au sommet qui est percé, entre les deux styles, d'un orifice arrondi-anguleux, bordé d'un épaississement en ourlet, et suffisamment grand pour laisser passer les graines. Cette circonstance suffirait peut-être à faire présumer que la capsule est normalement indéhiscente, mais qu'étant membraneuse et très-mince, il lui arrive très-facilement de se briser (je ne l'ai observée que sur des échantillons desséchés et plus ou moins comprimés).

La tribu des Cuscutées, qui renferme les trois autres genres de la famille, a la capsule proportionnellement un peu plus ferme et cassante. Cette capsule est circoncise, c'est-à-dire qu'elle s'ouvre circulairement, très-près de sa base, comme une boîte à savonnette, et la ligne de scission, très-régulière, est bordée d'un ourlet étroit.

Deux modifications organiques se font remarquer dans cette tribu.

La première est offerte par les genres *Cuscuta* et *Epilinella*. Le sommet de leur capsule est percé d'un orifice *interstylaire*, à bords épaissis, mais ovale, transversalement allongé, trop petit pour laisser sortir les graines, et parfois divisé en deux petits orifices distincts et arrondis, par une bride qui lie les bases des deux styles et qui doit être un vestige de leur soudure originaire dans l'ovaire très-jeune.

Enfin, la seconde modification n'existe que dans le genre *Monogynella* dont le style est unique (ou dont les deux styles *typiques* sont organiquement et constamment soudés), et dont, par conséquent, la capsule est *imperforée* au sommet.

Les styles des Cuscutacées (lorsqu'ils sont au nombre de deux) sont égaux dans les genres *Cuscuta*, *Epilinella* et *Succuta*, plus ou moins inégaux dans le seul genre *Cassutha*. Leur base, surtout dans ce dernier genre, est dilatée en forme de lame, et toujours, excepté dans le *Monogynella*, ces deux bases laissent entre elles un orifice interstylaire.

Les stigmates ne sont que très-obscurément *capités* dans le *Cassutha arabica*, et peut-être dans d'autres espèces que je ne connais pas. On en a dit autant de ceux du *Succuta alba*, mais je n'ai pu le constater, et ils m'ont paru aussi filiformes que ceux de la plupart des vrais *Cuscuta*.

Quand le stigmate d'une Cuscutacée est filiforme ou en massue, il n'est en apparence que le prolongement, ordinairement plus coloré, du style, et sa longueur est, communément, à peu de chose près, égale à celle de ce dernier.

Quand, au contraire, il est capité (*Cassutha*, *Monogynella*), la séparation est bien tranchée et la longueur relative du style est plus grande.

Les styles sont droits ou divergents. Les stigmates *filiformes*, généralement flexibles, sont rarement droits, souvent divergents ou irrégulièrement recroquevillés. Il est rare qu'ils atteignent la longueur des étamines après l'émission du pollen.

7° Cloison.

M. Pfeiffer a découvert un caractère qui distingue le genre *Epilinella* de toutes les autres Cuscutacées : la cloison qui divise sa capsule en deux loges est plus courte de moitié que la cavité de la capsule elle-même.

J'ai observé, dans quelques fleurs de *Cassutha*, que le sommet de cette cloison est soudé à la base du plus long des deux styles. Je crois (mais sans pouvoir l'affirmer, faute d'une occasion favorable de répéter une observation si délicate) qu'une disposition analogue existe dans les autres genres digynes de la famille, genres qui ont les styles égaux. Il se pourrait encore que le sommet de la cloison se dédoublât à l'approche du sommet, et envoyât une de ses lames se souder à la base de chaque style : ce serait peut-être dans cette structure qu'il faudrait chercher l'explication de l'existence d'une membrane pellucide que j'ai vue dans quelques espèces, et qui semble boucher, en dedans, l'orifice interstylaire (dans les genres digynes dont la capsule est circoncise).

La cloison présente un autre caractère dont je renonce à faire usage dans les diagnoses, parce que je ne le crois pas constant. Je veux parler du sillon vertical qui la parcourt souvent, et qui est dû aux vaisseaux funiculaires qui viennent se perdre dans le hile. Ces vaisseaux sont plus ou moins prolongés, selon que la graine s'attache plus haut ou plus bas le long de la ligne médiane de la cloison, et je crois que ce point d'attache peut varier selon le nombre des graines qui se développent dans la capsule, et selon l'accumulation et la pression réciproque des capsules dans le même glomérule. — Cet épaississement sulciforme m'a paru quelquefois nul, quelquefois très-marqué, et cela dans la même espèce. Il est extrêmement épais dans le genre *Epilinella*.

La cloison, surtout dans certaines espèces, se déchire facilement en deux moitiés longitudinales. Elle est toujours transparente, ferme, parfois très-mince, rarement teintée de jaunâtre dans les fleurs très-colorées. Elle persiste plus fréquemment dans certaines espèces que dans d'autres, au fond du calice après la dispersion des graines.

8° Graines.

Je n'ai plus rien à en dire, après le paragraphe spécial que je leur ai consacré; mais les deux espèces de *Cuscuta* dont M. Webb a publié les analyses (*episonchum* et *calycina*), lui ont offert des différences importantes dans l'enroulement de l'embryon. C'est donc vers cet objet que devront se porter des études que je n'ai pu aborder.

9° Tige, port, coloration.

Je n'ai rien dit des deux premiers points de vue. Pour le faire utilement, il faudrait avoir pu étudier beaucoup d'espèces sur le vif, et encore me semble-t-il que cette utilité demeurerait très-bornée.

Quant à la coloration de toutes les parties des *Cuscutacées*, elle ne fait que varier du blanc au rouge en passant par le jaunâtre, si ce n'est dans le genre *Monogynella*, où la coloration violacée paraît se produire nettement.

10° Monstruosités.

Les Cuscutacées que j'ai étudiées ne m'ont offert aucun cas tératologique intéressant. Elles sont normalement *pentamères*, et deviennent souvent *tétramères* sur le même individu et dans le même glomérule. Le *Cuscuta europæa* paraît être plus souvent tétramère que pentamère. Je n'ai vu que des fleurs tétramères dans les *Cassutha americana* et *chrysocoma*.

Dans le *Cuscuta europæa* et dans une autre que j'ai omis de noter, j'ai trouvé des capsules *tristyles*, déjà mentionnées par M. Choisy.

Dans le *Cuscuta calycina*, j'ai trouvé un des stigmates *fourchu* à son extrémité.

Dans les *Cuscuta Trifolii* et *Godronii*, j'ai vu une fleur dont les deux styles étaient *soudés* jusqu'à la base des stigmates, qui demeuraient parfaitement libres à partir du point de leur séparation.

CHAPITRE III.

OBSERVATIONS DIVERSES.

§ 6. — *Cuscutacées décrites par les auteurs agricoles.*

Il n'y a pas beaucoup d'utilité à retirer, pour la spécification botanique des Cuscutacées, d'un travail inséré en 1850, par M. le docteur Herpin (de Metz), membre de l'Institut des Provinces, dans les Mémoires de la Société centrale d'Agriculture (1re partie, p. 338). Ce savant agriculteur a traduit de l'italien un *Mémoire sur la Cuscute*, par M. Alméric Benvenuti, imprimé à Modène en 1847, et il a fait précéder cette traduction d'un court avant-propos. Le végétal qu'il appelle (*au point de vue agricole*) *Cuscuta europæa*, Linn., croît, dit-il, sur le Lin, le Houblon, la Vesce, le Trèfle, la Luzerne, etc. Nous avons donc là, nous, botanistes, autant d'espèces, peut-être, de Cuscutes que de plantes attaquées (C. *Epilinum* Weih., *major* D. C., *Viciæ* Schultz, *Trifolii* Babingt., *suaveolens* Ser.); et très-certainement nous y avons du moins trois excellents genres botaniques, *Cuscuta*, *Cassutha*, *Epilinella*.

C'est aussi le seul nom spécifique *europæa* que l'auteur italien donne à la plante parasite, et il lui attribue des caractères généraux de l'un desquels il résulterait qu'il a fait sa description (s'il ne l'a pas copiée dans les livres) sur un vrai *Cuscuta* ou sur l'*Epilinella*, puisqu'il dit que la capsule s'ouvre *circulairement comme une boîte*.

Cependant, un peu plus bas, il dit que ses expériences ont été faites sur le Trèfle et la Luzerne, au moyen des graines d'une Cuscute qui était venue *sur ce dernier fourrage*. Les caractères généraux qu'il vient d'énumérer ne conviennent pas à la Cuscute la plus ordinaire, dans nos contrées, sur la Luzerne (*suaveolens*, qui est un *Cassutha*), puisque la capsule de celle-ci s'ouvre au sommet; mais cette remarque n'en a pas moins beaucoup d'intérêt pour

nous, en ce que l'auteur dit que les jeunes parasites s'attachè-
rent également à la jeune Luzerne et au jeune Trèfle , et les firent
périr. La même espèce de Cuscute peut donc se nourrir indifféremment sur ces deux végétaux , bien que chacun d'eux en nour-
risse habituellement une qui diffère *génériquement* de celle de
l'autre (Cassutha *suaveolens* et Cuscuta *Trifolii*).

Ceci vient très-bien à l'appui de deux faits que j'ai observés moi-
même. En Périgord, où je n'ai pas encore vu le *Cassutha suaveolens*,
j'ai trouvé sur la Luzerne le *Cuscuta Trifolii* ; et, dans la Gironde,
à Tresse , M. Petit-Lafitte a recueilli sur le Trèfle de Hollande ,
le *Cuscuta epithymum !* On m'annonce aussi cette année (février
1853) que, dans les environs de Toulouse, la *Cuscute du Trèfle*
commence à faire de grands ravages *dans les Luzernières*, et qu'on
essaie de les combattre par des amendements liquides.

Je reviens aux expériences de M. Benvenuti, pour faire remarquer que la Cuscute étudiée par lui ne leva que dans les semis où
l'observateur avait mélangé ses graines à celles des deux fourrages
en question , et non dans ceux où il l'avait associée à d'autres
végétaux de diverses familles , et même à d'autres Légumineuses.
Et cependant, plantée *de boutures* (si je puis m'exprimer ainsi) sur
le Mûrier , la Vigne , le Jasmin , la Rose, le Grenadier, le Muflier ,
la Capucine, etc., elle y reprit et y prospéra parfaitement (p. 9).

Le Mémoire extrêmement curieux de M. Benvenuti nous fait
connaître plusieurs faits entièrement nouveaux , et celui-ci, entre autres, que la Cuscute n'est nullement *annuelle*, mais bien réellement *vivace*, comme l'avaient fait pressentir quelques observations
dues à M. Decaisne.

Cependant, il nous manque toujours la détermination botanique
exacte , de l'espèce sur laquelle les ingénieuses expériences de
l'auteur ont été faites ; mais il est certain qu'il a observé , à Modène,
deux *espèces* différentes, puisqu'il reconnaît que leurs graines sont
dissemblables, savoir : 1º celle de la Luzerne, du Trèfle et des
autres plantes ci-dessus mentionnées dans le cours de ses expériences ; 2º celle qu'il n'a vue que sur le Genêt, *Spartium junceum*
(p. 15, en note).

Essayons de suivre cette indication, et voyons si d'aventure elle
nous mènerait au but. M. Benvenuti dit (p. 17, en note) : « La
« graine de Cuscute n'a guère qu'un demi-millimètre de diamè-
« tre. » — J'ai mesuré, d'une manière approximative, mais très-

sufüsante pour le but recherché, les graines de toutes les espèces que je possède en bon état de maturité, et voici, pour qu'on soit en état de juger du degré d'exactitude que j'ai pu atteindre, le procédé dont je me suis servi.

Une règle triangulaire en buis, très-soignée d'exécution, graduée au moyen de traits gravés en creux et colorés en noir, étant bien fixée de manière à présenter horizontalement son plan gradué, j'y ai placé les graines : le point géométrique de division des millimètres se trouve au milieu de l'épaisseur du trait graphique de séparation. J'ai observé au moyen de la lentille n° 2 (moyenne force) du microscope de Raspail, et voici ce que j'ai constaté :

Cuscuta monogyna Vahl, de Beaucaire, sur la Vigne, — graines non parfaitement mûres, dépassent 3 millim.

C. *suaveolens* Ser., du Palatinat (échant. du *Flor. exsicc.* de Schultz, n° 1106), d'Agen et de Bordeaux, dépassent 1 millimètre.

Idem d'Ajaccio (envoyée par feu Requien, sous le nom de *C. aurantiaca*), même dimension à peu près ; cependant elles sont un peu plus petites que les précédentes.

C. *epilinum* Weih., de Deux-Ponts (échant. du *Flor. exsicc.* de Schultz, n° 8), dépassent sensiblement 1 millim.

Idem, de Metz, — dépassent moins sensiblement 1 millim.

C. *europæa* Linn., de Berne, de Bagnères-de-Luchon et de Barèges, 1 milim., soit en tous sens, soit dans leur plus fort diamètre, et ne dépassent pas cette dimension.

C. *Kotschyi* Nob. (*alpina* Kotsch? *minor* Chois. *pro parte*), de Bagnères-de-Bigorre, toujours moins de 1 millim.; mais plutôt en dessus qu'en dessous des 3/4 de cette dimension.

C. *calycina* Webb, des Canaries, de l'Algérie et du Midi de l'Espagne, — de 1/2 millim. à 1 millim.

C. *episonchum* Webb, des Canaries, — de 1/2 millim. à 1 millim.

C. *planiflora* Ten., de Toulon. — 1 millim. au plus.

C. *epithymum* Linn., des landes de Bordeaux, — moins de 1 millim., mais dépassant souvent les 3/4.

M. Benvenuti est un observateur bien trop intelligent et bien trop attentif pour qu'il n'y ait pas trois conclusions parfaitement nettes à tirer de ceci :

1° Les espèces du genre linnéen *Cuscuta* diffèrent réellement les unes des autres par la dimension de leurs graines : ces différences sont fixes, bien que resserrées dans de fort étroites limites ;

2° La Cuscute étudiée et décrite par M. Benvenuti, et dont la graine n'*a guère qu'un demi-millimètre de diamètre*, ne peut être ni *monogyna*, ni *epilinum*, ni *suaveolens*, ni *europæa* ;

3° Il faudrait donc probablement la chercher parmi les *C. epithymum* qui habite toute l'Europe, — *planiflora* qui paraît italienne, — *Godronii* Nob. qui paraît méditerranéenne, ainsi que la vraie *alba* de Presl (mon genre *Succuta*) ; — ou peut-être parmi les *C. Trifolii* dont je ne connais pas la graine, mais qui semble une espèce plus habituellement septentrionale, — *episonchum* et *calycina* Webb si ces deux plantes ont traversé la Méditerranée pour venir en Italie ; — ou enfin, à tout hasard, parmi quelques espèces signalées en Europe, et dont je ne connais que le nom, telles que les *C. microcephala* Welw., *approximata* Babingt., *Viciæ* Schultz.

Corollaire. Il paraît que le genre *Cuscuta* proprement dit a les graines constamment plus petites que celles des genres qui en ont été distraits par M. Pfeiffer et par moi, — à l'exception peut-être du genre *Succuta*, dont je ne connais les semences que *très-jeunes*.

A l'appui, et comme contrôle des dimensions approximatives que j'ai obtenues, je dois citer les dimensions plus rigoureuses que M. Lagrèze-Fossat, secrétaire du Comice agricole de Moissac, a publiées en 1846, à la page 10 de son excellent Mémoire intitulé : *De la Cuscute, des moyens de la détruire et de s'en préserver.* Mais il faut faire observer que son *C. epithymum* répond à la fois au *C. epithymum* (type) de sa Flore du Lot-et-Garonne (1847), et à la var. *b. pallens* Boreau, qui est le *C. Trifolii* Babingt. — Dans son Mémoire agronomique, M. Lagrèze-Fossat parle même de Luzerne, mais il n'en reparle pas dans sa Flore. Il est donc probable que son *epithymum* ne répond qu'à deux espèces botaniques, ou même à une seule pour les botanistes qui n'accordent au *C. Trifolii* que le rang de simple variété :

C. *epithymum*, 0mm,60 à 0mm,80. Moyenne, 0mm,70.
  epilinum, 2mm,00 à 2mm,10. — 2mm,05.
  europæa, 1mm,00 à 1mm,10. — 1mm,05.

On voit combien ces résultats concordent avec les miens, pour les espèces certaines que nous avons tous deux étudiées.

Je n'ai pas à ma disposition les nombreux mémoires publiés par divers savants agriculteurs sur la Cuscute et sur les ravages qu'elle occasione. Plusieurs d'entre eux sont cités dans le travail de M. Benvenuti, et j'en connais un autre où deux espèces sont admises (*europæa* et *epithymum*) : il est dû à feu M. le chev. de Bonafous, membre étranger de l'Institut des Provinces, correspondant de l'Institut de France, directeur honoraire du jardin botanique de Turin (*Echo du monde savant*, 24 et 27 novembre 1842, nᵒˢ 40 et 41, pp. 944 et 969); mais je ne l'ai pas en ce moment sous la main.

§ 7. — *Raisins barbus.*

On trouve souvent des tiges de Graminées entortillées de Cuscute, mais ce n'est pour l'ordinaire qu'accidentellement qu'elles en ont été enveloppées. La dureté de l'écorce très-siliceuse et très-sèche de ces tiges, s'oppose à la facile introduction des suçoirs de la plante parasite; aussi n'y prospère-t-elle pas. Si elle vient à s'y développer, ce n'est que languissamment.

Il n'en est pas de même sur les grains de raisin, où elle trouve une facile et abondante nourriture. De là, ces *raisins barbus* au sujet desquels les anciens auteurs, et ceux des modernes aussi qui ne connaissent de la nature que ce qu'on en lit dans les vieux livres, ont écrit de si singulières choses et tant de phrases inutiles.

Pour nous, nous n'avons à rechercher qu'une chose, — le nom des espèces botaniques qui ont été observées dans ces conditions. M. Benvenuti qui les avait créées, ces conditions, par le moyen du *bouturage* (page 10), aurait pu répondre à ma question, car la *barbe* de ses raisins a fleuri; mais dans nos vignobles du Sud-Ouest où ne croît pas le *C. monogyna*, et où les grappes pendent rarement jusques très-près de terre, il n'y a guère de chances pour l'envahissement naturel des raisins par nos Cuscutes filiformes, si ce n'est sur les treilles conduites le long des murs. La fenêtre d'un grenier s'ouvrira, par exemple, au-dessus du cep qui rampe contre ces murs, et alors les graines de Cuscute, rapportées avec le fourrage, lèveront sur le grain ou parmi la poussière qui s'amasse dans les défauts de la maçonnerie. Quand la barbe ne fleurit pas (*Raisins barbus* d'Angoulême, figurés par M. de Mourcin dans les Annales d'agriculture de la Dordogne), on ne peut la déterminer spécifiquement que d'une manière approximative, plus ou moins rapprochée de la certitude, et cela par un procédé pour ainsi dire algébrique. Ainsi :

f représentant le nom du fourrage emmagasiné,

l — le nom de la localité où il a été recueilli,

n — le nom botanique de la Cuscute qui croît habituellement sur ce fourrage dans la localité dont il s'agit,

x — enfin le nom botanique de l'*inconnue*,

on aura : $x = f + l + n$; c'est-à-dire que le nom cherché résultera de la réunion des trois éléments de la solution.

En d'autres termes, si la question se présente *dans l'Agenais*, et que le grenier contienne *de la Luzerne*, *x* signifiera avec toute probabilité *Cassutha suaveolens*.

Si c'est dans la partie du département de la Gironde appelée *l'Entre-deux-Mers*, et que le fourrage provienne de prairies naturelles, on sera autorisé à répondre *Cuscuta epithymum*.

§ 8. — *Observation générale.*

Dans chacun des articles que M. Buchinger consacre aux diverses espèces de Cuscutacées étudiées à nouveau par M. Pfeiffer, on lit invariablement une réserve qui équivaut à ceci : « Il est fort dou« teux que l'espèce que Choisy nomme ainsi, soit celle à laquelle « les autres auteurs ont attribué ce même nom. »

On en conviendra : il serait fort surprenant que M. Choisy, ayant consacré de longues années à l'étude de ses Convolvulacées, travaillant pour le *Prodromus* de Candolle, ayant par conséquent sous ses yeux l'herbier de Candolle, n'y eût trouvé que des matériaux mal déterminés ou non authentiques, et que chaque espèce se trouvât ainsi avoir un Sosie inaperçu jusqu'à ce jour. Que cela soit pour quelques-unes, à la bonne heure ; les dédoublements rendus nécessaires, les confusions reconnues dans divers genres font voir que la chose est possible ; mais qu'elle se répète pour toutes les espèces décrites par M Choisy, je crois que cela ne se peut pas. Je crois impossible que le *C. major* de Bauhin et de Candolle ne soit pas, quant à son type, la même plante que le *C. europæa*, var. *a* de Linné. De même, je crois impossible que le *C. minor* DC. diffère, quant à son type anciennement connu, du *C. epithymum* Linn.

Mais ces plantes, d'une organographie si minutieuse, et si proches l'une de l'autre par la forme de leurs organes, sont très-difficiles à décrire et à figurer d'une manière précise, nette et distincte. Pour preuve, comparez les figures de Mutel et de la Flore parisienne de MM. Cosson et Germain, pour les *C. major, minor* et *epilinum* surtout, et vous me direz si, les descriptions étant à peu près concordantes, les dessins ne vous semblent pas inconciliables !

Il ne faut donc pas, en général, trop s'effaroucher des variations de détail qu'on rencontre dans les descriptions et dans les figures. Il faut accorder quelque chose — beaucoup même — à l'âge de la fleur et du fruit au moment où chaque auteur les a décrits et dessinés. Il faut s'aider encore des indications que fournissent le pays où croît la plante, le végétal dont elle est parasite, et j'oserai dire aussi de l'accord général des auteurs en faveur d'un nom. Il faudrait surtout, pour pouvoir compter hardiment sur la valeur spécifique des petites différences organiques, que toutes les descriptions et tous les dessins eussent été faits sur le vif, avec comparaison chronologique et complète des divers âges de la même plante, en texte et en iconographie.

Aussi suis-je bien persuadé que M. Pfeiffer, en posant les excellentes bases de sa délimitation générique des Cuscutacées, — et moi en appelant de nouveau l'attention des botanistes, par cette étude consciencieuse et minutieuse, mais incomplète, sur quelques espèces de ce groupe, — nous n'avons fait qu'une chose : *prouver que les Cuscutes européennes ont grand besoin d'un monographe,* mais d'un monographe voyageur, dessinateur et micrographe !

Parvenu au moment où je dois quitter les généralités que j'ai pu réunir pour les détails que cette étude m'a permis de voir, j'emprunte à Montaigne une phrase qui dit les motifs de ma confiance et de ma défiance à l'égard du travail que je soumets aux botanistes : « Ma conscience ne falsifie pas un iota : mon inscience, ie « ne sçay. »

CHAPITRE IV.

PARTIE DESCRIPTIVE.

§ 9. — *Diagnoses génériques.*

Avant de les présenter, il faudrait déterminer l'ordre dans lequel elles doivent être exposées, et cette tâche revient au botaniste systématique qui fixera la place à donner à la famille des Cuscutacées et devra la lier, par ses modifications successives, à celle qui devra la précéder et à celle qui devra la suivre. Selon qu'il adoptera la série ascendante ou descendante, l'ordre des genres dépendra de cette détermination.

Pour moi qui, dans ce travail, me suis borné à considérer isolément la famille des Cuscutacées, il me serait moins nécessaire de rechercher, pour ses genres, un ordre d'exposition. Cependant, la division en deux tribus, que je crois indispensable d'établir d'après la considération de la capsule *circoncise* ou *non circoncise*, me force à quelque attention sous ce point de vue, afin de ne pas rompre les rapports.

Je ne vois que trois organes sur les modifications desquels on puisse fonder cet ordre sérial ou, si l'on veut, circulaire, — la graine, la capsule, le style.

Si je choisis la graine, j'aurai :

Capsule non circoncise.

Cuscutineæ : Graines ailées, discoïdes, sans rostre, *Succuta.*
Graines non ailées, ovales, subrostrées, *Cassutha.*

Capsule circoncise.

Cuscuteæ : Graines non ailées, ovales, sans rostre, *Cuscuta.*
Graines non ailées, subcubiques, sans rostre, *Epilinella.*
Graines non ailées, discoïdes, rostrées, *Monogynella.*

Si je choisis la capsule, j'aurai :

Capsule non circoncise.

Cuscutineæ : Capsule largement perforée, *Cassutha, Succuta.*

Capsule circoncise.

Cuscuteæ : Capsule étroitement perforée, *Epilinella, Cuscuta.*
Capsule non perforée, *Monogynella.*

N. B. Ce caractère est difficile à constater à tous les âges, et ne motive pas assez clairement le détail de la coordination.

Si je choisis enfin le style, j'aurai :

Capsule circoncise.

CUSCUTEÆ : 1. Styles filiformes; graines non ailées,　　*Cuscuta.*
2. Styles claviformes,　　*Epilinella.*
3. Style unique, capité, oviforme,　　*Monogynella.*

Capsule non circoncise.

CUSCUTINEÆ : 4. Styles capités, globuleux,　　*Cassutha.*
5. Styles filiformes; graines ailées,　　*Succuta.*

Ces trois arrangements présentent des inconvénients et même des rapports rompus, surtout quand on les considère suivant une série linéaire : les deux derniers en présentent moins si on les considère suivant une série circulaire. En effet, dans l'un d'eux, les genres *Succuta* et *Monogynella* se lient par leur graine *discoïde;* dans l'autre, les styles *filiformes* unissent les genres *Cuscuta* et *Succuta.*

Dans les familles très-naturelles, il est facile de concevoir que les genres doivent plutôt converger vers un type commun, que s'étendre en laissant les derniers de ces groupes différer de plus en plus des premiers. Je crois donc que la série circulaire ou convergente convient mieux aux Cuscutacées, l'une des familles les plus naturelles que nous connaissions, et je me détermine à disposer ses genres *d'après le style*, parce que ce caractère est le plus apparent, et qu'il laisse le genre *Cuscuta* en tête de la famille, comme genre typique et le plus anciennement connu.

Dans les diagnoses génériques qu'on va lire, les mots en *italique* offrent la transcription des diagnoses de M. Pfeiffer : les caractères exprimés en *romain* sont ajoutés par moi.

Les diagnoses qui me sont propres sont tout entières en *romain* ; mais je les calque exactement sur celles de M. Pfeiffer, accrues des caractères que j'ai dû y ajouter pour les compléter au point de vue des nouvelles.

Trib. I. **Cuscuteæ**. Nob.

Capsula circumscissa.

Genus I. CUSCUTA. LINN.-PFEIFF.-NOB. (Charact. emendat.)

Flores in glomerulos sessiles globosos basi unibracteatos congesti; flos singulus ebracteolatus

Calyx gamosepalus, *4-5-fidus vel 4-5-lobus*, lobis acuminatis apiculatisve.

Corolla basi demùm dilaceratâ ad apicem fructûs marcescens.

Filamenta libera, ad marginem faucis aut paulò infrà inserta, cum lobis alternantia.

Styli 2 æquales ; *stigmata linearia.*

Capsula circumscissa, perfectè *bilocularis* apice perforata, ore interstylari angustè ovali transverso.

Semina 4, ovato-subglobosa, erostrata, reticulata.

Hilus linearis, longitudinalis vel subobliquus.

Ce genre demeure le type de la famille des Cuscutacées et lui donne son nom, parce que les deux espèces qui ont servi à Linné pour l'établir, ont été connues certainement des botanistes anté-linnéens du moyen-âge et même, à ce qu'il paraît, de ceux de l'antiquité.

Genus II. EPILINELLA. PFEIFFER (Nomen è loco natali et ex antiquâ speciei typicæ nuncupatione desumptum.)

Flores in glomerulos sessiles globosos basi unibracteatos congesti ; flos singulus ebracteolatus.

Calyx 5-sepalus, sepalis carnosis, dorso carinatis, margine membranaceo basi subcoalitis.

Corolla basi demùm dilaceratâ ad apicem fructûs marcescens.

Filamenta libera, ad marginem faucis inserta, cum lobis alternantia.

Styli 2 æquales; *stigmata clavato-incrassata.*

Capsula circumscissa, imperfectè *bilocularis* (dissepimento capsulâ dimidiò breviore), apice perforata, ore interstylari angustè ovali transverso.

Semina 4, ovato-subcuboidea, erostrata, dorso bifossulata, reticulata.

Hilus vulvæformis, longitudinalis vel subobliquus.

Genus III. MONOGYNELLA. NOB. (Nomen ex antiquâ speciei typicæ nuncupatione desumptum).

Flores spicati ; spicâ basi uni-bracteatâ; flos singulus uni-bracteolatus.

Calyx 5-sepalus , sepalis carnosis dorso non carinatis obtusissimis, margine membranaceo basi subcoalitis.

Corolla basi demùm dilaceratâ ad apicem fructùs marcescens.

Filamenta nulla ; antheræ ad marginem faucis sessiles , cum lobis alternantes.

Stylus unicus ; stigma ovato-capitatum.

Capsula circumscissa , perfectè bilocularis , apice imperforata.

Semina 2 , compressa , subdiscoidea , rostro adunco prædita , vix reticulata.

Hilus linearis, transversus.

Trib. II. Cuscutineæ. Nob.

Capsula non circumscissa.

Genus IV. CASSUTHA. J. Bauhin (ab ill. Pfeiffer *Engelmannia* sensu strictiori nuncupata).

Flores in corymbulos seu umbellulas sessiles plus minus ramosos basi unibracteatos congesti : flos singulus (etiàm in umbellulis) unibracteolatus.

Calyx gamosepalus 4-5-fidus, lobis obtusis.

Corolla apice demùm dilacerato ad basin fructùs marcescens.

Filamenta libera , ad marginem faucis inserta , cum lobis alternantia.

Styli 2 inæquales ; *stigmata* globoso-*capitata.*

Capsula perfectè bilocularis, apice perforata, ore interstylari magno angulato-rotundato , demùm *apice dehiscens.*

Semina 4 , ovato-subglobosa, subrostrata, vix reticulata.

Hilus vulvæformis, transversus.

Il est probable que ce genre est complètement d'origine exotique, puisqu'il est constaté que le *C. suaveolens* s'est montré en Europe avec le produit de graines de Luzerne envoyées d'Amérique, et parce que le *C. chrysocoma* ressemble trop étroitement à l'*americana* pour ne pas venir présumablement du même continent.

Koch , en parlant de l'inflorescence de la première de ces espèces, dit : *floribus fasciculatis.* Je trouve ce mot un peu vague, et je crois mieux faire en désignant sous le nom d'*ombellules* les paquets de fleurs pédicellées qui terminent souvent les rameaux du corymbe , dans toutes les espèces du genre que j'ai pu examiner.

Dans ces espèces (au nombre de quatre), j'ai trouvé les anthères proportionnellement plus petites, plus courtes et moins rétrécies après la fécondation, que dans les *Cuscuta*. Je ne les ai point vues, non plus, pourvues de ces deux raies d'un pourpre noir qui les bordent si souvent dans ce dernier genre ; mais comme la petitesse et le raccourcissement de l'anthère sont bien moins remarquables dans le *suaveolens* et l'*arabica* que dans l'*americana* et le *chrysocoma*, j'ai cru devoir ne rien généraliser.

Genus V. SUCCUTA. Nob. (Anagramma vocis *Cuscuta*).

Flores in glomerulos sessiles globosos basi uni-bracteatos congesti ; flos singulus ebracteolatus.

Calyx gamosepalus 5-fidus, lobis obtusis.

Corolla è fundo calycis facilè extrahenda (basi quasi circumscissa, ubi marcescens ?)......

Filamenta libera, ad marginem faucis inserta, cum lobis alternantia.

Styli 2 æquales ; stigmata linearia.

Capsula.... . bilocularis, apice perforata, ore interstylari magno elongato, demùm apice dehiscens (ex ill. Webb) !

Semina 4, ovato-discoidea, erostrata, marginata (juniora saltem) angustè et incompletè alata, lævia, emucilaginosa.

Hilus (ex seminibus juvenilibus) inter marginem mediumque disci situs, brevis.......

Ce genre, très-incomplètement décrit dans la diagnose ci-dessus, repose pourtant sur des caractères positifs : graine plate, *ailée*; hile rapproché du centre de la graine; capsule non circoncise (Webb in litt.) Les deux premiers caractères le séparent de toutes les Cuscutacées qui me sont connues ; le troisième fixe sa place dans la tribu jusqu'ici monotype des Cuscutinées, où il se distingue des *Cassutha* par ses stigmates filiformes, ainsi que par les deux premiers caractères énoncés ci-dessus.

§ 10. — *Diagnoses spécifiques.*

Pour chacune des espèces que j'ai été à même d'étudier, j'expose d'abord ce que j'ai pu constater de sa synonymie.

Puis je donne la diagnose *française*, assez développée pour qu'elle puisse remplacer en quelque façon une véritable description détaillée. Je la dispose sous forme de *tableau synoptique*, parce que cette forme est plus commode et plus comparative, par conséquent plus saisissante pour l'esprit.

Vient ensuite la véritable diagnose *latine*, plus resserrée que celle du tableau, et construite également sur un plan et dans un ordre de mots tout-à-fait identiques pour toutes les espèces.

Et afin que le typographe puisse employer un caractère plus facilement lisible, je réunis ces deux diagnoses sur une feuille plus grande et repliée en regard de la page, où je me borne à indiquer le renvoi.

Revenant à la page du texte, on y trouvera l'*habitat* de l'espèce, avec l'indication précise de toutes les localités qui me sont *positivement* connues, et celle des végétaux sur lesquels la plante a été recueillie, — enfin les observations particulières et variées auxquelles mon étude de l'espèce pourra donner lieu.

Pour se servir utilement et sûrement de la série des *tableaux synoptiques*, il ne faut pas oublier que ces doubles diagnoses ne font aucune mention des *caractères génériques*. Au premier coup-d'œil, elles ont donc l'air *également et indifféremment comparatives*; mais il n'en est rien, et on s'exposerait à de graves erreurs, si l'on ne commençait par s'assurer *du genre* dans lequel on peut chercher avec succès l'espèce qu'on veut déterminer.

En effet, dans ces diagnoses *spécifiques*, je présuppose qu'on a constaté l'existence des caractères mentionnés précédemment dans mes diagnoses *génériques*, et je fais, aussi totalement que possible, abstraction de ces caractères. Si l'on omettait d'en tenir compte, on pourrait prendre une espèce pour une autre, en se trompant encore de genre.

Par exemple, en décrivant le *Cuscuta monogyna* des auteurs, je ne dis point que sa capsule est circoncise et que sa corolle persiste, marcescente, au sommet du fruit; — en décrivant leur *Cuscuta suaveolens*, je ne dis point que sa capsule s'ouvre par en haut et que sa corolle reste adhérente à la base du fruit. Ce sont là des caractères essentiellement *génériques*, qui constituent les deux tribus de la famille et contribuent à constituer les genres *Monogynella* et *Cassutha*; par conséquent, ils figurent dans les diagnoses de ces genres.

J'userai d'une licence parfois peu grammaticale, et du moins peu élégante, mais qui rendra mes diagnoses spécifiques *latines* plus

Clef synoptique des 8 espèces de **CUSCUTA** décrites dans ce Mémoire.

COROLLE

cylindracée

Diamètre des glomérules s'accroissant fortement par le développement des fruits. Calice excipuliforme . . . . . *C. europæa*, n° 1.

Diamètre des glomérules ne s'accroissant pas par le développement des fruits. Calice . . . .
- excipuliforme . . . . *C. epithymum*, 2.
- obconique, long . . . . *C. Trifolii*, 3.
- obconique, très-court . . . . *C. planiflora*, 4.

urcéolée

Pédicelle nul ou presque nul. Point de fleurs avortées à la base du glomérule (fleurs *nues*). *Calice* excipuliforme, égalant le tube de la corolle . . . . *C. Kotschyi*, 5.

Pédicelle nul. Des fleurs avortées à la base du glomérule. *Calice* urcéolé; *lobes* corollins fortement corniculés . . . *C. Godronii*, 6.

Pédicelle nul. Point de fleurs avortées à la base du glomérule (fleurs *nues*). *Calice* urcéolé; *lobes* corollins courtement corniculés . . . . *C. episonchum*, 7.

Pédicelle nul ou presque nul. Des fleurs avortées à la base du glomérule. *Calice* excipuliforme, dépassant le tube de la corolle . . . . *C. Calycina*, 8.

Nota. — Ces espèces, très-distinctes *par l'ensemble* de leurs caractères, sont fort difficiles à caractériser nettement en peu de mots. Excepté pour le *C. europæa*, éminemment distingué par la grosseur de ses capsules, je n'ai pris les caractères que dans l'inflorescence et dans la fleur, parce que ce tableau n'est destiné qu'à faciliter les premières recherches pour la détermination.

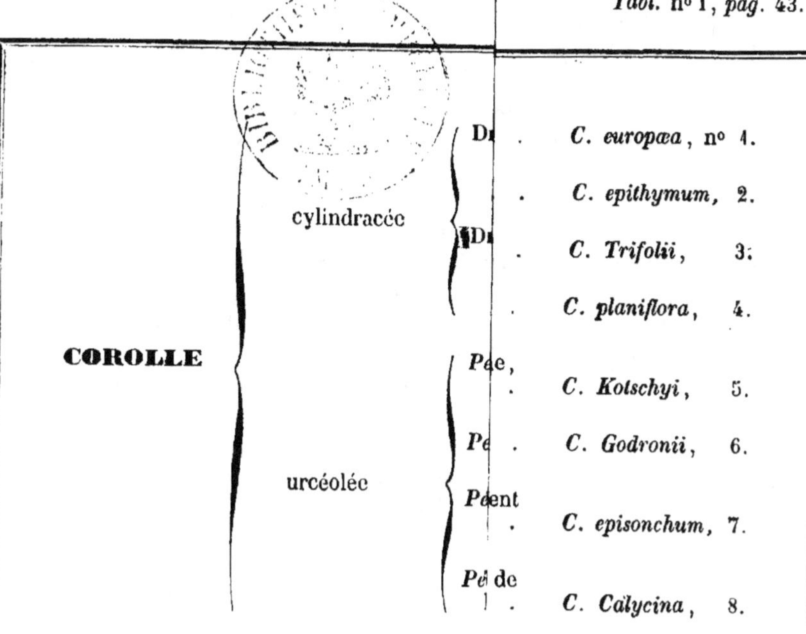

NOTA. — Ces espèces, Excepté
pour le *C. europæa*, émirla fleur,
parce que ce tableau n'est

courtes. Attendu que je les ai établies sur des dimensions proportionnelles, j'exprimerai les fractions 1/4, 1/3, 1/2, 2/3, 3/4 tout simplement en chiffres, comme je le ferais en français.

Je conviens qu'ayant opéré constamment sur le sec, ou sur des fleurs revivifiées par l'eau chaude, ce mode d'évaluation offre quelques chances d'erreur ; mais elles sont moins nombreuses que si j'avais donné les dimensions en millimètres ; et comme on voudra bien me tenir compte de la difficulté que présentent souvent les évaluations proportionnelles, on n'attachera pas une importance *spécifique* à une évaluation isolée que j'aurais portée par exemple aux 2/3 au lieu des 3/4, quand l'ensemble des caractères de la plante cadrera bien avec ma description. J'ai fait, du reste, tous mes efforts pour éviter même ces légères inexactitudes, mais j'ai eu, en général, peu de fleurs des espèces non françaises.

Je dois avertir que c'est toujours sur le sec que j'ai pris le diamètre des *graines* et des *glomérules* ou *ombellules* de fleurs, parce que c'est habituellement dans cet état que sont les plantes quand on les détermine dans le cabinet. On conçoit que les capitules présenteraient des dimensions un peu plus fortes, si on les mesurait à l'état de vie ou de revivification par l'eau chaude. Dans ce dernier cas, les graines se trouveraient aussi plus gonflées, davantage même que dans leur état parfaitement normal.

Lorsqu'il m'arrive d'employer les mots *exserte* ou *inclus*, c'est toujours par rapport au tube de la corolle. En effet, *jamais* les étamines, le pistil ou la capsule n'atteignent la longueur qu'offriraient les lobes corollins, s'ils étaient dressés au-dessus de la gorge du tube.

1re tribu. Cuscuteæ.

1er genre. **CUSCUTA**.

(Voir, ci-contre, la Clef synoptique des espèces, Tabl. n° I.)

N° 1. CUSCUTA EUROPÆA. Linn. sp. 180 (excl. var. β). — Pfeiff. Cuscutac. in Bot. Zeit. 1845, p. 673, et 1846, p. 47 (Ejusd. fortassè *C. Schkuhrianam* amplectens). — Mert. et Koch, Deutschl. Fl. T. II, p. 330. — Buchinger, Annal. scienc. natur. 3e série, 1846, T. V, p. 85, 86. — Smith, Fl. Brit. T. I, p. 282 (florib. plerumque 5-fid.). — Koch, Synops. ed. 2^a, p. 569,

nº 1 (1844). — Babingt. Man. of Brit. Bot. ed. 2ª, p. 246, nº 1
(1847). — Lagrèze-Fossat, *De la Cuscute*, p. 8 (1846), et Fl. du
Tarn-et-Garonne, p. 252, nº 1. — Mutel, Fl. Fr. T. II, p. 302,
nº 1; pl. 36, fig. 282 (icon mala, ad *C. Viciæ* vel *Schkuhrianam*
haud mihi not. forsan referenda). — Reichenb. Fl. Germ. excurs. nº 3802, p. 586.— Gren. et Godr. Fl. de Fr. T. II, 2ᵉ part.
(1852), p. 504.

> (NON Bové in herb. Mauritanico, quæ est *Succuta alba*,
> ex specim! NEC Laterr. in herb. Floræ Burdigal. ex spe-
> cim !)

C. Major Bauh. pin. 219. — DC. Fl. Fr. T. III, p. 644,
nº 2754. — Duby, Bot. gall. p. 331, nº 1. — Kirschleg. Fl.
d'Alsace, T. I, 14ᵉ liv. (1851), p. 527, nº 1. — Boreau, Fl. du
Cent. ed. 2ª, p. 357, nº 1319. — Soyer-Willem. Obs. s. qq. pl.
de Fr., p. 99. — Coss. et Germ. Fl. Par. T. I, p. 264, nº 3;
pl. XIV, fig. C. — Choisy in DC. Prodr. T. IX (1845), p. 452,
nº 2.

C. vulgaris Pers. Syn. T. I, p. 289; NON Presl. Cech. 56.

C. tubulosa Presl, delic. p. 215 (ex Koch)!

C. tetrandra Moench ?

C. epithymum Thuil. Fl. Par, p. 85; NON Linn., nec cæter.
auctor.

DIAGNOSES (Voir ci-contre, Tableau nº II).

HAB. L'Europe tempérée.

OBS. 1. — Presque toutes les flores locales de France font mention de cette espèce ; mais puisque nous savons que la Cuscute de
la Luzerne (*Cassutha suaveolens*) a été prise parfois pour elle, il y
a lieu, jusqu'à vérification, de ne point compter sur ces indications
communes.

Ce qui paraît certain, c'est que le vrai *Cuscuta europœa* appartient, principalement du moins, à nos départements du Nord et
de l'Est, et aux contrées montagneuses (Alpes, Pyrénées).

OBS. 2. — MM. Grenier et Godron ont appelé *Cuscuta europœa* β
vacua (« écailles nulles ; capsule ovale, obtuse ») le *C. Schkuhriana*
Pfeiff., synonyme, suivant M. Kirschleger, du *C. Viciæ* Schultz.
Non-seulement je me range à leur opinion, mais encore je crois
qu'ils vont trop loin en donnant à cette simple *forme* ou *variation*
le rang de *variété*. Il suffira pour le prouver, ce me semble, de

INFLORESCENCE.	CALICE.	COROLLE.	ÉTAMINES.	ÉCAILLES.	PISTILS.	CAPSULE.	GRAINES.	OBSERVATIONS.
Bractée grande, en nacelle, subscarieuse, colorée. *Diamètre* des glomérules, jusqu'à 13 millimètres à la maturité. *Fleurs* nues. *Pédicelle* à peu près égal au calice, souvent caché par l'accroissement de la capsule.	Excipuliforme, très-ouvert, fendu jusqu'aux ³/₄. Lobes larges, ovales-arrondis, obtus, non recouvrants à la base, atteignant la ¹/₂ du tube corollin, au moins aussi longs que les lobes corollins (sans le tube).	Cylindracée, peu ouverte, fendue jusqu'au ¹/₃. Lobes ovales-triangulaires, corniculés, peu étalés.	Courtes, quoiqueégalant à peu près les lobes corollins. Filament un peu plus long ou un peu plus court que l'anthère ovale, apiculée, jaunâtre.	Bifides, petites, à lanières linéaires ou divisées en 2-6 digitations droites, terminales, n'atteignant pas la base du filament (elles manquent très-souvent).	Epais, jaunes, de moitié moins longs que la capsule adulte. Styles divergents dès la base, plus longs que le stigmate plus foncé, peu distinct.	Obpyriforme, obtuse ou subitement atténuée au sommet en pointe mousse; double du calice et égalant au moins le tube de la corolle (qu'elle soulève en grossissant).	Ne dépassant pas 1 millimètre. Ovales-subglobuleuses, sans prolongement basal, irrégulièrement comprimées, jaunes, puis d'un brun noirâtre. Mucilage peu abondant. Réticulation médiocre. Hile vertical ou suboblique (très-apparent).	*Tétramère* ou plus rarement *pentamère* (dans le même échantillon). Les lobes du calice n'éprouvent aucun changement au contact de l'eau bouillante.

DIAGNOSIS.

C. Pedicello proprio calycem circiter æquante; CALYCE excipuliformi patulo ad ³/₄-fisso, *lobis* latè ovatis obtusis non imbricantibus tubo corollæ dimidiò brevioribus, lobis corollæ (tubo prætermisso) saltem æquilongis; COROLLA cylindraceà, *lobis* ovato-triangularibus erectiusculis tubum dimidium æquantibus; STAMINIBUS brevibus (corollæ lobos circiter æquantibus), *filamento antheræ* apiculatæ luteolæ circiter æquali; SQUAMIS bifidis parvulis basin filamenti non attingentibus, laciniis simplicibus vel apice 2-6-fidis (sæpiùs nullis); PISTILLIS capsulà dimidiò brevioribus, *stylis* à basi divergentibus, cum *stigmate* breviori saturatiori ferè indistincto luteis; CAPSULA obpyriformi obtusà vel apice attenuatà calyce duplò longiore, corollæ tubum saltem æquante; SEMINIBUS ovato-subglobosis subcompressis ecaudatis, luteis demùm fuscis.

   (Calycis lobi aquà ebulliente suffusi non incrassantur neque turgescunt.)

mettre sous les yeux des botanistes les observations qu'on va lire et auxquelles je n'ai pas changé un mot depuis que je les ai écrites (de décembre 1851 à avril 1852), avant de connaître l'opinion de MM. Grenier et Godron sur ce point.

« Je ne crois pas devoir tenir compte de l'espèce que M. Pfeiffer « a décrite sous le nom de *C. Schkuhriana*, telle du moins qu'elle « est signalée sous le n° 2, dans l'article cité de M. Buchinger. « Si, mettant de côté cette caractéristique fondée sur l'absence des « écailles du tube et sur la capsule obtuse (non atténuée au som- « met), je regardais l'espèce de M. Pfeiffer comme un synonyme « du *C. Viciæ* Schultz et Kirschleger, caractérisé par des écailles « multifides (non 2-4-fides), et par des anthères égales au filament « élargi à la base (non plus courtes que le filament non élargi à « la base), il me resterait encore des doutes graves et légitimes.

« En effet, malgré plus de vingt tentatives faites sur les tissus « secs ou humectés de la fleur (1), à l'aide de la plus forte len- « tille du microscope de Raspail, il ne m'avait jamais été possible « d'apercevoir les écailles du tube. D'après cette considération, je « devais rapporter ma plante au *C. Schkuhriana* Pfeiff., mais « j'en fus empêché par l'examen de la capsule dans certains échan- « tillons. Ainsi :

« La capsule est *ovale-*ОВТUSE dans un échantillon (sur l'*Urtica* « *dioica*) recueilli le 26 septembre 1816 aux abords du lac de « Seculejo (le premier des lacs d'Oo près Bagnères-de-Luchon), « — et dans un échantillon (malheureusement privé de tout ves- « tige de la plante dont il était parasite) recueilli aux environs de « Berne en septembre 1820.

« Point d'écailles, capsule obtuse : — ce serait donc là, exacte- « ment, le *C. Schkuhriana*.

« Mais la capsule est *obpyriforme*, subitement ATTÉNUÉE AU SOM- « MET dans les échantillons (sur l'*Urtica dioica*, 16 août 1842, « sur le *Daphne laureola* et le *Sambucus racemosa*, 19 août 1842) « recueillis dans la vallée du Bastan ou sur ses flancs, de 1360 à « 1600 mètres d'altitude, entre Barèges etl entrée des vallons de « Lienz et d'Escoubous.

« Point d'écailles, capsule atténuée au sommet : — ce n'est pas

___

(1) Je n'ai pas de jeunes fleurs, mes échantillons ayant tous été récoltés fort tard.

« là, exactement, le *C. europæa* puisque les écailles manquent,
« ni exactement le *C. Schkuhriana* puisque la capsule n'est pas
« obtuse.

« En présence de ces résultats , je me trouvais donc forcé de
« laisser la question indécise et de me demander : 1º si les écailles
« peuvent manquer sans qu'il y ait changement dans la nature
« spécifique de la plante ; 2º s'il en est de même de la forme du
« sommet de la capsule qui est *d'ailleurs* semblable dans les deux
« plantes.

« Cependant , un jour, dans la suite de mes analyses, il m'est
« arrivé de trouver une fleur (d'un des échantillons de Barèges) où
« les écailles se sont présentées distinctement à ma vue , — linéai-
« res, multifides au sommet , mais non uniformes dans tout le
« pourtour de la fleur, à ce qu'il m'a semblé.

« J'ai dû en conclure, ou qu'elles manquent souvent dans
« cette espèce (et c'est là l'opinion des anciens auteurs, à laquelle
« je crois devoir m'associer) ou, ce qui est moins probable, que la
« ténuité de leur tissu et leur fréquente adhérence au tube, dé-
« guisent habituellement leur présence et les rendent absolument
« invisibles.

« D'un autre côté , M. Gustave Lespinasse, mon collègue à la
« Société Linnéenne de Bordeaux , m'a communiqué un très-bel
« échantillon de Nancy , récolté et étiqueté par M. Godron sous le
« nom de *C. major* , et qui ne conserve malheureusement aucun
« vestige de la plante qui lui a servi de support; dans cet indi-
« vidu, dont les fleurs sont pentamères , les écailles sont presque
« toujours facilement visibles (sur 6 ou 7 fleurs , je les ai vues
« dans 4 ou 5) : elles sont bifides , linéaires , en forme de lan-
« guette simple ou bi-tri-fide et même à digitations plus nom-
« breuses, comme je l'avais déjà vu dans l'unique fleur *squamigère*
« de Barèges. Enfin , dans ce même échantillon de Nancy , pres-
« que toutes les capsules sont *obtuses*, mais j'en ai vu deux ou trois
« *atténuées au sommet* comme dans mes échantillons pyrénéens.

« Il ne me reste donc plus aucun caractère certain pour séparer
« le *C. Schkuhriana* ou *Viciæ* de l'*europæa* : je dois rapporter tous
« les échantillons que j'ai sous les yeux à cette dernière espèce,
« et attendre d'un exemplaire authentique de la plante de M. Schultz
« les lumières nécessaires pour fixer mon opinion sur sa valeur
« réelle. »

Obs. 3. — Les glomérules (à la vérité dans un état de maturation plus avancée) sont plus gros , et les lobes de la corolle paraissent un peu plus courts dans les échantillons de Barèges (capsule *atténuée*) que dans ceux de Berne et de Luchon (capsule *obtuse*).

Obs. 4. — M. Buchinger (loc. cit.), d'après M. Pfeiffer, doute que le *C. major* Chois. soit identique au *C. europœa* Pfeiff. Je ne sais si le *major* de M. Kirschleger est bien celui de M. Choisy, mais ce que je puis dire , c'est que ma plante a évidemment , comme celle de M, Kirschleger, le calice prolongé sous l'ovaire en un tube charnu et épais. Ce que je puis dire aussi , c'est que les étamines de ma plante (filament égal à l'anthère, ou à peine plus long) ne semblent pas concorder avec celles de la sienne (anthères deux fois plus courtes que le filament) ; et il faut remarquer que je n'ai que de vieilles fleurs , dont les anthères ont pris tout leur développement.

Obs. 5. — Dans l'un des plus précieux ouvrages de critique botanique que nous possédions (*Observations sur quelques plantes de France*), par M. Soyer-Willemet, 1828, p. 98), le savant auteur attribue à son *Cuscuta major* des étamines non accompagnées d'écailles (*staminibus basi nudis*), et Smith dit la même chose de son *C. europœa* (*fauce omnino nudâ*). Il est vrai que M. Soyer-Willemet attribue le même caractère à son *C. densiflora* qui est l'*epilinum* de Weihe, et que le comte de Bœnninghausen qui le décrivit dans son *Prodr. Fl. Mon. Westph.*, le lui attribua également (*staminibus inappendiculatis*). L'un et l'autre étaient dans l'erreur, puisque cette espèce a des écailles, mais elles sont très-difficiles à voir, et je n'y ai pas réussi d'abord (sur le sec). Cependant j'y suis parvenu au bout de peu de temps, ce que je n'ai pu faire que bien plus tard pour le *major*. — Je ne saurais trop recommander aux personnes qui s'occupent de la distinction des Cuscutes, d'étudier les excellentes descriptions que M. Soyer-Willemet donne de ses trois espèces (*major* , *minor* , *densiflora*).

Obs. 6. — Ainsi que je l'ai dit plus haut, les fleurs sont tétramères ou pentamères sur le même échantillon ; mais il m'a semblé voir, dans les exemplaires de mon herbier, que le nombre 5 est plus fréquent à Luchon qu'à Barèges et à Berne. Tout l'échantillon de Nancy est pentamère. Il est positif du moins que le nombre quaternaire domine fortement *dans cette espèce* considérée en général , car, la même variation de nombre se faisant remarquer chez le *C. epithymum* ou *minor* , Linné, qui ne connaissait que ces deux espèces en Europe, a placé les Cuscutes dans la tétrandrie, tandis que , comme le fait remarquer M. Benvenuti (p. 6) qui n'a observé que des Cuscutes pentamères, il aurait dû les placer dans la pentandrie.

Et il est de fait que si , au lieu de considérer l'ensemble d'une ou de deux espèces, on considère l'ensemble *des espèces* européennes , c'est-à-dire celui *du genre* , sa forme la plus habituelle est pentamère : aussi Smith l'a-t-il placé dans la pentandrie.

Obs. 7. — La Flore Française d'A. P. de Candolle désigne certainement notre plante, puisqu'elle distingue précisément le *C. major* du *minor* (*epithymum*) par ses fleurs *pédicellées* (non *absolument sessiles*) en indiquant sa station sur les Orties , le Chanvre, etc. ; mais elle mentionne aussi son existence sur la Vesce cultivée, et la Flore Parisienne de MM. Cosson et Germain en fait autant (I , p. 26). Or, il ne faut pas oublier qu'on a récemment décrit , comme distincte, une espèce parasite de ce fourrage.

Obs. 8. — La fig. 282 , pl. 36 de la Flore Française de Mutel vient ajouter à mes perplexités au sujet de cette espèce. La capsule y est *obtuse* comme dans mes échantillons de Luchon et de Berne (non *atténuée* comme dans ceux de Barèges, — non *l'un et l'autre* comme dans celui de Nancy). La corolle a des écailles (j'en trouve très-rarement, si ce n'est à Nancy). Enfin les étamines sont beaucoup trop courtes pour mes plantes pyrénéennes et bernoise, mais non pour celles de la Lorraine. Je crois donc que la description de Mutel est copiée dans les livres et appartient à l'*europæa* , mais que la figure a eu pour modèle la forme lorraine, ou peut-être cette espèce problématique pour moi , que M. Schultz a nommée *Viciæ* , si tant est qu'elle soit autonome.

Nº 2. CUSCUTA EPITHYMUM. Linn. syst. veg. ed. 13ª (Murray), 140. — Pfeiff. Cuscutac. in Bot. Zeit. 1845 , p. 673 , et 1846 , p. 17. — Buchinger, Annal. scienc. natur. 3e série, 1846, T. V, p. 86. — Smith , Fl Brit. T. I, p. 283. — Koch , Synops. ed. 2ª p. 569, nº 2 (1844). — Babingt. Man. of Brit. Bot. ed. 2ª p. 246, nº 3 (1847). — Lagrèze-Fossat, *De la Cuscute*, p. 3 (1846 ; pro parte tantùm), et Fl. du Tarn-et-Garonne , p. 252 , nº 2. — Mutel, Fl Fr. T. II , p. 303 , nº 2 , quoad descriptio-

INFLORESCENCE.	CALICE.	COROLLE.	ÉTAMINES.	ÉCAILLES.	PISTILS.	CAPSULE.	GRAINES.	OBSERVATIONS.
Bractée large, triangulaire, longuement acuminée, plane ou légèrement cymbiforme, charnue, colorée. *Diamètre* des glomérules, 10 millimètres au plus lors du parfait épanouissement des fleurs. *Fleurs* nues (ou du moins très-rarement quelques fleurs avortées à la base du glomérule). *Pédicelle* nul, ou du moins toujours plus court que le calice et très-épais.	Excipuliforme, très-ouvert, fendu jusqu'aux ³/₄. Lobes larges, ovales, longuement acuminés, recouvrants à la base, à peu près égaux au tube corollin, de moitié au moins plus courts que les lobes corollins (sans le tube), donnant, après l'anthèse, un aspect chevelu au glomérule.	Cylindracée, peu ouverte, fendue au moins jusqu'à la ¹/₂. Lobes lancéolés-aigus, ou plus larges et alors acuminés, étalés.	Longues, quoique toujours plus courtes que les lobes corollins. Filament double, à la fin, de l'anthère allongée, faiblement apiculée, jaune ou pourpre pâle.	Simples, très-grandes (souvent visibles dans la gorge de la fleur comprimée), conniventes en voûte sur l'ovaire, atteignant la base du filament, larges, spatulées, à fimbriations obtuses ou subspatulées et souvent lobées au bout, qui est boutonné.	Dressés, grêles, dépassant souvent les étamines, égalant les ²/₃ de la capsule mûre. Styles plus longs que le stigmate rouge, souvent tortillé dans sa vieillesse.	*Ovaire* globuleux cubique, souvent pourpre. *Capsule* subglobuleuse, obtuse et même rétuse, petite, lobée par l'accroissement des graines, égalant au plus le tube corollin.	N'atteignant pas 1 millimètre, mais dépassant souvent les ³/₁; assez régulièrement ovales quoique diversement comprimées, sans prolongement basal, jaunes ou rougeâtres, puis d'un brun noirâtre. Mucilage peu abondant. Réticulation médiocre. Hile suboblique.	*Pentamère.* Fleurs très-rarement *scabres* en dehors. Les lobes du calice s'épaississent à peine, mais ne se gonflent pas au contact de l'eau bouillante.

DIAGNOSIS.

C. Pedicello proprio nullo vel brevissimo; CALYCE excipuliformi patulo ad ³/₄ fisso, *lobis* latè ovatis longè abruptèque acuminatis imbricantibus tubo corollæ circiter æquilongis, lobis corollæ (tubo prætermisso) dimidiò brevioribus; COROLLA cylindracea, *lobis* lanceolatis acutis (vel latioribus acuminatis) patulis, tubo ferè æquilongis; STAMINIBUS longis, lobis corollæ verò semper brevioribus, *filamento antherâ* elongatâ apiculatâ luteâ vel purpurascente demùm duplò longiori; SQUAMIS simplicibus magnis conniventibus (suprà ovarium fornicantibus) basin filamenti attingentibus, latè spathulatis, supernè fimbriatis; PISTILLIS sæpè staminibus longioribus, ²/₃ capsulæ æquantibus, *stylis* rectis *stigmate* rubro longioribus; CAPSULA subglobosâ obtusâ etiamque retusâ, parvâ, 1-gibbâ, tubum corollæ vix æquante; SEMINIBUS ovatis subcompressis ecaudatis, luteis rubeolisve demùm fuscis.

(Calycis lobi aquâ ebulliente suffusi vix incrassantur, nec turgescunt.)

nem ; icon verò (pl. 36 , fig. 283) ad *C. Trifolii* referenda mihi videtur. — Reichenb. Fl. Germ. excurs. nº 3800, p. 586 (verisimiliter pro parte tantùm)? — Gren. et Godr. Fl. de Fr. T. II, 2ᵉ part. (1852), p. 504. — Tenore, Fl. Napolit. T. II , parte 1ª ossia tomo 3º, p. 249 , nº 1420 (Granghierella epitimo) ; descript. bona. — Laterr. Fl. Bordel. ed. 4ª, p. 278 ! — Ch. Des Moul. Catal. Dordogn. (1840) , p. 98 , pro parte tantùm ! — Kirschleg. Fl. d'Alsace, T. I , 11ᵉ livr. (1851), p. 527, nº 2. — Coss. et Germ. Fl. Paris. T. I , p. 264 , nº 1 ; pl. XIV , fig. A.

C. minor Bauh. pin. 219. — D C. Fl. Fr. T. III , p. 644 , nº 2755 et suppl. p. 425. — Duby. Bot. gall. p. 331, nº 2. — Boreau, Fl. du Cent. ed. 2ª p. 357, nº 1320. — Soyer-Willemet, Obs. s. qq. pl. de Fr., p. 99. — Choisy in DC. Prodr T. IX (1845), p. 453, nº 5 (pro parte tantùm). — E. Leclerc , Catal. Calvados (1849), p. 192 (! ex specim. ab ipso comm., in *Callunà ericà* parasit).

C. europæa, var. ß. Linn. sp. 180.

Diagnoses (Voir ci-contre, Tabl. nº III).

Hab. L'Europe tempérée.

Obs. 1. — On trouve probablement cette espèce dans toute la France, hormis peut-être les départements méditerranéens , où elle paraîtrait être remplacée par le *C. Godronii* (*C. alba* Godr., non Presl).

Obs. 2. — Ma description de cette espèce et les principales observations ci-dessous sont faites sur des échantillons de Bitche (nº 7 du *Flora exsiccata* de M. Schultz, *Calluna erica, Sarothamnus scoparius, Genista tinctoria* et *Genista pilosa*), — de Bex (canton de Vaud, *Ononis arvensis*), — de la Gironde (Pompignac, sur les herbes des prés ; Landes de Gascogne , Villenave d'Ornon et Pessac [ce dernier en fruits parfaitement mûrs], *Erica cinerea* ; Tresse , *Trifolium pratense* [Trèfle de Hollande], — du Calvados , *Calluna erica*.

Le *C. epithymum* abonde dans les Landes et dans le Médoc sur les diverses bruyères et sur l'*Ulex nanus*. Il en est de même dans la Dordogne, à Lanquais et à Lacassagne, près Terrasson, où M. A. G. de Dives l'a recueilli sur le Lierre (je n'ai pas vu les échantillons de cette dernière localité, qui ont été déterminés par M. Boreau).

Enfin, par suite de mes propres herborisations et par suite des communications de mon excellent ami Du Rieu et de quelques au-

4

tres de mes collègues, j'en ai sous les yeux, à divers états, des échantillons ou fragments provenant de la vallée du Mont-Dore, sur *Achillea millefolium*, — du vallon de Lienz au-dessus de Barèges, sur *Helianthemum vulgare*, — des Asturies, sur *Erica arborea*, — du Lot-et-Garonne (arrondissement de Nérac, canton de Sos), sur *Calluna erica* à ce qu'il parait par quelques fragments emmêlés à l'échantillon trop nettoyé, — du bois de Meudon près Paris, sur *Sarothamnus scoparius*, — du mont San-Angelo près Castellamare aux environs de Naples, où il a été recueilli par M. Cosson sur un *Galium* et un *Helianthemum*. M. Tenore, qui a vu cet échantillon, l'a étiqueté *C. planiflora* Ten. ; mais c'est bien l'*epithymum !* Il est remarquable en ce que ses fleurs, surtout les vieilles, sont rendues *scabres* en dehors, dans toutes leurs parties, par des aspérités blanches, dentiformes ou crépues.

M. Parlatore (*Viaggio alla catena del Monte Bianco*, pp. 20 et 36, 1850), l'indique sur l'*Helianthemum vulgare*, au mont Cramont, où il l'a trouvé en fleurs, dans la région alpine, au-dessus des derniers arbres, à 2070 mètres d'altitude. La similitude de cette station avec celle du vallon de Lienz, citée ci-dessus, me fait penser que je suis d'accord avec M. Parlatore pour la détermination de l'espèce.

Obs. 3. — Il est douteux, d'après M. Buchinger, que l'espèce de ce nom, telle qu'elle est admise par M. Pfeiffer et par Koch, soit la même que le *C. minor* Chois., qui a les étamines *incluses*, tandis qu'elles sont *exsertes* dans la plante de Pfeiffer, de Koch et de M. Kirschleger. Ce caractère est nul, puisque les étamines sont incluses ou exsertes suivant l'âge auquel on les observe ; mais il est très-vrai que M. Choisy a compris les *C. planiflora* Ten. et *Trifolii* Bab. dans son *minor*, — et d'autres encore.

Le caractère de la longueur des styles (au-dessus des anthères à certains moments, d'après M. Kirschleger) est par conséquent variable. Je crois aussi qu'il peut y avoir quelques variations dans la longueur et la largeur des écailles, et surtout dans la longueur de leurs fimbriations. Ainsi, il y a des échantillons fleuris où je vois les écailles convergentes dans l'ouverture de la gorge des fleurs *comprimées*, et d'autres où je ne puis les apercevoir sans ouvrir les fleurs.

Obs. 4. — M. Leclerc (Catal. du Calvados) paraîtrait avoir compris sous le nom de *minor*, les Cuscutes parasites de la Luzerne et

du Trèfle avec celle des plantes où se trouve ordinairement l'*epi
thymum*. J'ai reçu de lui un seul échantillon, très-beau, qui appartient réellement à cette dernière espèce, et auquel adhèrent des
fragments de *Calluna erica*. D'un autre côté, je possède l'*epithymum* (!) recueilli par M. Petit-Lafitte *sur le Trèfle de Hollande*,
dans la Gironde, tandis que j'ai récolté le *C. Trifolii*, dans la
Dordogne, *sur la Luzerne* (!), et l'on m'assure qu'il y vit aussi
dans la Haute-Garonne.

Obs. 5. — La Flore de Paris, de MM. Cosson et Germain, et la
Flore de France, de MM. Grenier et Godron, citent de même le *C.
epithymum* sur le *Trifolium pratense* et sur la Luzerne, et il faut bien
croire que c'est le vrai *epithymum*, puisque ces auteurs s'accordent à lui donner de grandes écailles *connicentes* au point de *fermer
le tube de la corolle*, caractère qui le distingue précisément du
C. Trifolii : la figure que MM. Cosson et Germain donnent de
l'*epithymum* est fort bonne.

Mutel me semble avoir confondu ces deux espèces, comme la
plupart des auteurs moins récents. Sa description va assez bien à
l'*epithymum*, mais sa figure (et on assure qu'il les a presque toutes
puisées dans les *Icon. pl. crit.* de Reichenbach), ne peut convenir,
si je ne me trompe, qu'au *C. Trifolii*, parce que les écailles sont
courtes et le calice prolongé en tube à sa base. Les styles me semblent plus saillants qu'ils ne le sont ordinairement dans le *Trifolii*;
mais je crois pouvoir affirmer encore une fois que ce caractère
manque trop de constance pour pouvoir être invoqué contre l'at-
tribution que je propose de la fig. 283 de Mutel à cette dernière
espèce. J'ignore complètement si le *C. Trifolii* a la capsule *acumi-
née au sommet* comme on la voit dans cette figure ; si j'en juge par
l'ovaire, cela ne doit pas être.

Obs. 6. — M. Webb m'a communiqué quelques glomérules très-
jeunes de la plante qu'il a mentionnée dans son *Phytographia
Canariensis* (sect. III, p. 36, nº 1), sous le nom de *C. epithymum*.
Ces glomérules sont tellement crispés et comme brûlés ou arrêtés
dans leur développement, qu'il m'a paru impossible même d'en
tenter l'analyse ; mais la longueur du pédicelle propre de la fleur,
et l'aspect de celle-ci m'engagent à rapporter, avec doute, la
plante au *C. Trifolii* Bab. Je n'ai aucun exemple de l'*epithymum*
croissant dans un pays aussi chaud que les Canaries. L'espèce
communiquée par M. Webb a été récoltée sur un *Juncus*.

— 52 —

Obs. 7. — La seule espèce de Cuscute enregistrée par M. Munby
(sous le nom de *C. epithymum*), dans sa Flore de l'Algérie , p. 18
(1847), n'est pas reconnaissable pour moi, puisque plusieurs espèces
différentes ont été recueillies dans ce pays. Je n'ai vu aucun échantillon d'*epithymum* qui en provienne ; mais les Cuscutes sont tellement cosmopolites, pourvu qu'elles aient des occasions de trans-
port, qu'on pourra bien y rencontrer quelque jour l'espèce de
Linné.

N° 3. CUSCUTA TRIFOLII. Babingt. et Gibs. phytolog., T. I.,
p. 467. — Babingt. Man. of Brit. Bot. ed. 2ª p. 216, n° 4 (1847).
— Godron, Obs. s. qq. pl. nouv. de la Lorraine (1850), p. 20
(je n'ai pu consulter cet ouvrage). — Gren. et Godr. Fl. de Fr.
T. II, 2ᵉ part. (1852), p. 505. — Kirschleger, Fl. d'Alsace , T. I,
p. 528, n° 3 (1851). — Boreau, Fl. du Cent. ed. 2ª , p. 358,
n° 1321.

C. epithymum Mutel, Fl. Fr. T. II, p. 303, n° 2 (pro parte ;
icon enim (pl. 36, fig. 283) ad *C. Trifolii* referenda mihi videtur, descriptio verò ad *C. epithymum*). — Ch. Des Moul. Catal.
Dordog. (1840), p. 98 (pro parte ; in *Medicagine sativá* tantùm !).
— Webb, Phytogr. Canariens. sect. III, p. 36, n° 1 (ex specimine
valdè manco, à cel. auctore mecum communicato) ?

A *C. epithymo* haud distinguenda (ex Buchinger, Annal.
scienc. natur. 3ᵉ série , 1846, T. V, p. 89).

Var. *C. epithymi* (ex cel. F. Schultz in litt. februar. 1852 ; et
ex Lagrèze-Fossat, *De la Cuscute*, p. 3 , 1846).

C. epithymum, β *pallens* Lagrèze-Fossat , Fl. du Tarn-et-
Garonne , p. 252, n° 2.

C. minor, β *pallens* Boreau. Fl. du Cent. ed. 1ª, p. 308,
n° 888.

C. minor β *Trifolii* Chois. in DC. Prodr. T. IX, p. 453, n° 5
(1845).

Ad *C. corymbosam* Chois. *C. Trifolii* Hensl. videtur accedere
(ex Choisy in DC. Prodr. T. IX, Addenda et corrigend., p. 565.)

DIAGNOSES (Voir ci-contre, Tabl. n° IV).

HAB. L'Europe tempérée et méridionale, la Corse, et *peut-être*
les Canaries.

Obs. I. — Je ne possède malheureusement que des matériaux

INFLORESCENCE.	CALICE.	COROLLE.	ÉTAMINES.	ÉCAILLES.	PISTILS.	CAPSULE.	GRAINES.	OBSERVATIONS.
Bractée étroite, lancéolée - cymbiforme, membraneuse, pâle. *Diamètre* des glomérules, 8-10 mill. *Fleurs* avortées à la base du glomérule. *Pédicelle* à peu près égal au calice.	Obconique (allongé), fendu jusqu'aux ²/₃. Lobes triangulaires, lancéolés, acuminés, étroits, non recouvrants à la base, atteignant à peu près la ¹/₂ de la corolle complète.	Cylindracée, fendue jusqu'au ¹/₃. Lobes lancéolés, triangulaires, acuminés, plus souvent dressés qu'étalés.	Longues, égalant presque le sommet des lobes corollins. Filament égal d'abord à l'anthère, puis double de l'anthère allongée, légèrement apiculée, jaune.	Simples, spatulées, étroites, convergentes (mais trop courtes pour fermer le tube corollin dont elles ne dépassent pas la ¹/₂), n'atteignant pas la base du filament. Fimbriations courtes, entières, spatulées ou boutonnées.	Très-rapprochés et dressés, ordinairement plus courts que les étamines et ne dépassant jamais les lobes corollins. Styles blancs, un peu plus longs que le stigmate rouge et divergent à la fin.	*Ovaire* obpyriforme, déprimé au sommet. *Capsule......*	(Je n'en ai point vu).	*Pentamère.* Les lobes du calice s'épaississent un peu, mais ne se gonflent pas au contact de l'eau bouillante.

DIAGNOSIS.

C. Pedicello proprio calycem circiter æquante ; CALYCE obconico ultrà ¹/₂ fisso , *lobis* lanceolato-triangularibus angustis acuminatis non imbricantibus corollæ dimidiæ circiter æquilongis ; COROLLA cylindraceâ ad ¹/₂ fissâ , *lobis* lanceolato-triangularibus acuminatis sæpiùs erectis ; STAMINIBUS longis demùm corollam subæquantibus , *filamento* primùm *antheræ* elongatæ vix apiculatæ luteæ æquali , mox eâdem duplò longiori ; SQUAMIS simplicibus brevibus nec ¹/₂ tubi corollæ superantibus , convergentibus nec (propter brevitatem) fornicantibus , breviter fimbriatis ; PISTILLIS erectis approximatis, staminibus sæpè, corollæ lobis semper brevioribus, *stylis* albis *stigmate* purpureo demùm divergente parùm longioribus ; OVARIO obpyriformi, apice depresso ; *capsulá..........* ; SEMINIBUS...........

    (Calycis lobi aquâ ebulliente suffusi leviter incrassantur, nec turgescunt.)

très-incomplets pour l'étude de cette espèce. Un petit nombre seulement d'échantillons est sous mes yeux :

Le 1er, de Nancy, provenant sans doute de M. Godron, et privé de tout vestige du végétal dont il était parasite, m'a été adressé par feu Requien ;

Le 2e, recueilli par moi-même sur la Luzerne, au château de Montbrun, commune de Verdon, canton de Lalinde (Dordogne), a une *chevelure* considérable et un très-petit nombre de glomérules de fleurs ;

Le 3e est d'Agen (sur le *Trifolium pratense*), d'où il a été envoyé à M. Cosson par M. Odon Debeaux ;

Le 4e, sur une Centaurée du groupe *Jacea*, et

Le 5e, sur la Ronce, sont tous deux d'Ajaccio, et me viennent, sous le nom de *C. minor*, de l'herbier de M. le docteur Léveillé ;

Le 6e, provenant des Canaries et parasite sur un *Juncus*, m'a été donné par M. Webb (Voir ce que j'en ai dit plus haut, à l'article du *C. epithymum*, obs. 6e).

Tous ces exemplaires sont absolument privés de capsules et de graines mûres. Ma description repose presque en entier sur l'analyse des échantillons lorrain et agenais ; mais tous sont éminemment distincts de l'*epithymum* par la longueur du pédicelle propre de la fleur et par ses écailles de moitié plus courtes que le tube (caractères spécialement assignés par M. Babington à son espèce, dans la 2e édition de son *Manual*).

Obs. 2. — M. le doct. F. Schultz m'écrivait, le 2 mars 1852 : « Je n'ai pas encore observé le *C. Trifolii* dans son lieu natal, « bien qu'il ait été trouvé ici (à Bitche) *une seule fois, dans un* « *champ de trèfle*, par un cultivateur qui me l'a apporté vivant, « mais en mauvais état. Je n'ai pu trouver aucune différence entre « cette plante et le *C. epithymum*. » — La conclusion la plus probable à tirer de ce passage de la lettre de M. Schultz est qu'on lui a présenté, non le *C. Trifolii*, mais le *C. epithymum* croissant *sur le trèfle*, comme MM. Grenier, Godron, Cosson, Germain et moi l'avons vu.

Obs. 3. — Le *C. Trifolii* paraît avoir un port remarquable et un mode tout particulier de croissance, qui ont été fort bien décrits par MM. Grenier et Godron dans leur Flore de France. C'est bien avec ces caractères que je l'ai trouvé dans la Dordogne sur la Luzerne (*Medicago sativa*).

Obs. 4. — Voici la description du *Cuscuta Trifolii* Babingt. et Gibs., dans *The Phytologist*, T. I, p. 467 :

Florum glomerulis bracteatis sessilibus; tubo corollæ cylindrico; squamis imbricatis apice rotundatis, lateribus parallelis, basi distantibus; calyce corollæ tubo breviore; germine obovato; stigmatibus filiformibus. ☉ — *C. epithymum* β *Trifolii* Babingt. Man. of Brit. Bot. ed. 4ᵃ p. 302. — *Crescit in Britanniæ arvis, parasitica in variis Leguminosarum cultarum speciebus.*

Nº 4. CUSCUTA PLANIFLORA. Tenor. Syllog. Fl. Neap. p. 128; Ejusd. Fl. Napolit. T. III, p. 250. — Reichenb. Fl. Germ. exsicc. nº 2069. — Koch. Synops. ed. 2ᵃ., p. 570, nº 3 (1844).

C. minor (pro parte) Chois. in DC. Prodr. T. IX, p. 453. nº 5 (1845).

Diagnoses (Voir ci-contre, Tabl. Nº V).

Hab. L'Italie, le Tyrol italien, la Corse, les départements les plus méridionaux de la France méditerranéenne, et même le nord de l'Afrique.

Obs. 1. — Cette espèce me semble différer du *C. Trifolii* par sa bractée, par son calice très-court et par ses écailles. Je me suis toujours douté que les descriptions fort incomplètes des auteurs étaient, de plus, inexactes, y compris celle de Tenore lui-même : je crois en avoir sous les yeux la preuve évidente.

Cinq échantillons sont soumis à mon examen :

Le 1ᵉʳ m'est envoyé par M. Du Rieu ; c'est un glomérule détaché d'un échantillon venant de Tenore lui-même.

Le 2ᵉ est encore un glomérule détaché par M. Gay de l'échantillon authentique *du Flora Germanica exsiccata* de Reichenbach, nº 2069. Il vient de *Botzen* (Tyrol), localité citée par Koch, et a été recueilli par le docteur Facchini. Il ne conserve aucun reste de la plante à laquelle il adhérait, et M. Gay n'ayant pas reçu d'échantillon-type de M. Tenore, n'affirme pas que la plante authentique de Reichenbach soit identique à celle de la Flore Napolitaine.

Cependant, M. Gay m'a envoyé un 3ᵉ échantillon, très-beau, identique au précédent, également recueilli par le docteur Facchini à *Bolzano*, « petite ville du Tyrol italien, » et portant pour étiquette *C. planiflora auctorum quorumdam.* — Botzen et Bolzano, l'un du Tyrol *méridional*, l'autre du Tyrol *italien*, me semblent

INFLORESCENCE.	CALICE.	COROLLE.	ÉTAMINES.	ÉCAILLES.	PISTILS.	CAPSULE.	GRAINES.	OBSERVATIONS.
Bractée courte, largement triangulaire, acuminée, plane, charnue, colorée. *Diamètre* des glomérules, 6-10 mill. *Fleurs* nues. *Pédicelle* court, très-légèrement scabre et comme poilu sous le microscope.	Obconique (très-court), fendu jusqu'à la 1/2 au moins. Lobes ovales-triangulaires, apiculés, recouvrants à la base (transparents sur les bords), dépassant la 1/2 du tube corollin.	Cylindracée, fendue presque jusqu'à la 1/2. Lobes ovales-triangulaires, apiculés, recouvrants à la base, étalés.	Très-longues à la fin et dépassant alors les lobes corollins. Filament d'abord plus long, puis égal à l'anthère qui s'allonge fortement après sa déhiscence. Anthère apiculée, d'abord jaune, puis rose et enfin d'un pourpre noir.	Simples, larges, obtuses, ovales-triangulaires, atteignant presque la base du filament. Fimbriations courtes et crépues, mêlées parfois, vers le bout, de quelques fimbriations plus longues.	Droits ou tortillés, doubles de l'ovaire. Styles blancs, à peu près égaux à leur stigmate rouge.	*Ovaire* subglobuleux, obtus. *Capsule*.....	(Non mûres) : 1 mill. au plus ; plus hautes que larges, ovoïdes-comprimées, concaves à leur face interne, puis irrégulièrement triquètres ; d'un jaune brunâtre ou rougeâtre. Mucilage médiocrement abondant. Réticulation fine, mais assez profonde. Hile oblique, à la face interne de la graine qui a, dans sa jeunesse, un rudiment de bec recourbé.	*Pentamère* (échant. du Tyrol) ; *Tétramère* (échant. de Tenore). Les lobes du calice n'éprouvent aucun changement au contact de l'eau bouillante.

DIAGNOSIS.

C. Pedicello proprio brevi sub lente scabriusculo ; CALYCE obconico brevissimo ultrà 1/2 fisso, *lobis* latis (margine membranaceis) ovato-triangularibus apiculatis imbricantibus corollæ tubi 1/2 superantibus, COROLLA cylindraceâ ferè ad 1/2 fissâ, *lobis* ovato-triangularibus apiculatis imbricantibus patulis ; STAMINIBUS demùm ultrà corollæ lobos porrectis, *filamento antherâ* apiculatâ virgineâ luteâ longiori, eamdem dehiscentiâ peractâ elongatam roseam, demùm atro-purpuream æquanti ; SQUAMIS simplicibus latè ovato-triangularibus obtusis filamenti basin ferè attingentibus, breviter fimbriatis ; PISTILLIS rectis contortisve ovario duplò longioribus, *stylis* albis *stigmati* purpureo circiter æqualibus ; OVARIO subgloboso obtuso ; *capsulâ*....... ; SEMINIBUS (immaturis) ovato-compressis basi subrostratis (rostro subrecurvo) luteo-brunneis vel luteo-rubescentibus.

(Calycis lobi. aquâ ebulliente suffusi non incrassantur neque turgescunt.)

évidemment désigner le même lieu. L'échantillon est sur l'*Artemisia campestris*, et je suis disposé à croire qu'il ne fait qu'un avec le numéro précédent.

Le 4e échantillon est sur le *Dorycnium suffruticosum* de Corse, et me vient de la générosité de M. le docteur Léveillé, qui l'avait dans son herbier sous le nom de *C. europæa*.

Le 5e est du Fort-Rouge (à Toulon), où il a été recueilli par M. Bourgeau sur un *Thymus*. Il m'a été envoyé sans nom par M. Cosson ; et comme sa consistance me semble un peu plus charnue que celle des autres, il me laisse quelques doutes.

Cependant, ces cinq échantillons me paraissent spécifiquement identiques, et j'espère qu'ils sont bien nommés, parce que, provenant de quatre localités du bassin méditerranéen, ils se ressemblent par leurs caractères, et sont suffisamment distincts des autres espèces que je possède.

Obs. 2. — J'avais bien, il est vrai, reçu de M. Cosson, sous le nom de *C. planiflora* (échantillon vu par Tenore lui-même), une plante parasite d'un *Galium* et d'un *Helianthemum*, recueillie le 12 juillet 1841 au mont San-Angelo, près Castellamare, aux environs de Naples ; mais, ainsi que le présumait M. Du Rieu qui l'avait examiné, cet échantillon revivifié à l'eau bouillante, n'était autre chose que le *C. epithymum !* Il ne faut pas s'en étonner : rien au monde n'est moins authentique qu'un échantillon, vu par M. Tenore, d'une plante décrite par lui-même. Tous les botanistes le savent ; et quoique ce soit pénible à dire, il faut bien le répéter pour l'utilité de tous.

Obs. 3. — Ce n'est pas qu'il n'y ait encore un aveu à faire, et le voici : Les *C. epithymum*, *Trifolii* et *planiflora* sont trois espèces bien voisines sur le sec, qui ne se distinguent alors que par des caractères bien minutieux, quelquefois larvés par des déformations du glomérule, quelquefois même absents si les échantillons ne sont pas bien complets ; et je dois confesser que les miens ne le sont pas, sous le rapport de la maturité des graines des deux dernières espèces.

Je ne connais pas même celles du *C. Trifolii*, mais celui-ci se distingue de l'*epithymum* par ses écailles *courtes*. Je ne possède pas, bien mûres, les graines du *planiflora*, mais leurs caractères semblent les distinguer de celles de l'*epithymum*, espèce dont il se rapproche par la grandeur de ses écailles, en même temps qu'il se distingue du *Trifolii* par ses lobes calicinaux bien moins *acuminés*.

Obs. 4. — Je rapporte au *C. planiflora*, comme forme *minor*, une Cuscute que M. Du Rieu a trouvée à Bone sur diverses plantes, et dont je n'ai pas vu les graines. Elle est plus petite dans toutes ses parties.

Obs. 5. — Voici les descriptions textuelles de M. Tenore :

1° *Flora Napolitana*, vol^e 2° parte 1^a, ossia tomo terzo, p. 250. n° 1421. Ital. *Granghierella a fiori piani*.

Lat. Cuscuta planiflora ; *Caulibus capillaceis, floribus glomeratis sessilibus quinquefidis ; corollis subrotatis, lobis ovatis obtusis patentissimis; staminibus exsertis basi squamá perexiguá bifidá munitis, stylis filiformibus divaricatis, stigmatibus conformibus obtusiusculis.*

Description (en italien) : « Styles capillaires, fleurs sessiles en « petits capitules d'une ligne à une ligne et demie de diamètre ; « limbe de la corolle à lobes obtus et exactement en roue ; étami- « nes complètement exsertes, munies à la base d'une très-petite « écaille bifide ; styles filiformes, divariqués ; stigmates non amin- « cis. — Hab. Je l'ai trouvée parasite sur le *Plantago lanceolata.* « Fleurit en mai ⊙. »

2° *Sylloge plantarum vascularium Floræ Neapolitanæ*, p. 128, n° 4. — Cuscuta planiflora ; *Caulibus capillaceis, floribus globosis 5-fidis laciniis ovatis obtusis patentibus, stigmatibus staminibusque simplicibus obtusis exsertis. — Hab. In montibus Samnii, Aprutii, parasitica Rubiacearum, Plantaginis, etc. — Obs. Herba C. epithymi, flores C. europeæ, sed styli exserti.*

N° 5. CUSCUTA KOTSCHYI. Nob.

C. minor (pro parte) Chois. in DC. Prodr. T. IX, p. 453, n° 5 (1845).

Verisimiliter *C. Alpina* Kotschy, mss. n° 388, *b*.

Diagnoses (Voir ci-contre, Tabl. N° VI).

Hab. Les basses montagnes de la chaîne pyrénéenne. Cette plante descend la vallée de la Garonne jusqu'à l'embouchure de la Gironde. Si elle est, comme je le présume, l'*alpina* de M. Kotschy, elle se trouverait aussi dans les montagnes de l'Europe orientale.

Obs. 1. — Il est évident, pour moi, que ma plante rentre dans l'aggrégation d'espèces que M. Choisy a réunies sous le nom de *C. minor* ; et si, comme le pensent MM. Pfeiffer et Buchinger, le

INFLORESCENCE.	CALICE.	COROLLE.	ÉTAMINES.	ÉCAILLES.	PISTILS.	CAPSULE.	GRAINES.	OBSERVATIONS.
Bractée courte, lancéolée ou subhastée, obtuse ou peu pointue, charnue, très-colorée. *Diamètre* des glomérules (même à la maturité), 5-7 mill. *Fleurs* nues. *Pédicelle* nul ou presque nul.	Excipuliforme (très-charnu, jaune ou rouge), très-ouvert, fendu presque jusqu'à la base. Lobes (inégaux en largeur, à bords membraneux) se soudant par leurs bases, arrondis, subitement apiculés, fortement carénés, égalant le tube corollin.	Urcéolée (en grelot), très-ouverte à la gorge, fendue jusqu'au-delà de la 1/2. Lobes carénés, très-larges, triangulaires, arrondis, apiculés (sommet roulé et recourbé en dehors, comme corniculé), non recouvrants à la base, étalés.	Courtes et n'atteignant jamais le sommet des lobes corollins, couchées sur l'ovaire. Filament plus court ou tout au plus aussi long que l'anthère ovale subarrondie, large, apiculée, jaune ou rose.	Simples, linéaires, larges et tronquées au bout, frangées dans leur partie supérieure, atteignant la 1/2 du tube corollin. Fimbriations courtes et crépues.	Plus courts que les lobes corollins, plus longs que les étamines, égalant au moins la 1/2 de la capsule mûre. Styles divergents, pourpres ainsi que leur stigmate un peu plus long et plus foncé.	Très-petite, un peu plus courte que le tube de la corolle, globuleuse-déprimée, bosselée par les graines.	Dépassant ordinairement 3/4 et atteignant tout au plus 1 mill.; irrégulièrement ovales-triquètres, subrostrées à la base; d'abord vertes, puis jaunes, brunes ou d'un beau pourpre à la maturité. Mucilage très-abondant. Réticulation très-énergique. Hile vertical.	*Pentamère.* Glomérules de 2-6 fleurs seulement. Les lobes du calice s'épaississent un peu, mais ne se gonflent pas au contact de l'eau bouillante.

DIAGNOSIS.

C. (glomerulis 2-6-floris); pedicello proprio nullo vel subnullo; CALYCE (carnoso valdè colorato) excipuliformi patulo ferè ad basin usquè fisso, *lobis* (latitudine inæqualibus margine membranaceis basi coalitis) rotundatis dorso carinatis abruptè acuminatis tubum corollæ æquantibus; COROLLA globoso-urceolatá (fauce patulá magná) ultrà 1/2 fissá, *lobis* non imbricantibus dorso carinatis latè triangulato-rotundatis apiculatis, quasi corniculatis, patulis; STAMINIBUS lobis corollæ brevioribus (aperturæ faucis incumbentibus), *filamento antherá* latè rotundato-ovatá apiculatá luteá vel roseá sub-breviori; SQUAMIS simplicibus latè linearibus truncatis breviter fimbriatis, tubum corollæ dimidium æquantibus; PISTILLIS lobis corollæ brevioribus, staminibus verò longioribus, capsulam dimidiam saltem æquantibus, *stylis* divergentibus cum *stigmate* paulò longiore purpureis; CAPSULA parvulá globoso-depressá 4-gibbá tubum corollæ vix æquante; SEMINIBUS ovato-triquetris basi subrostratis (profundè reticulatis), primùm viridibus mox luteis, demùm fuscis vel purpureis.

(Calycis lobi, aquá ebulliente suffusi leviter incrassantur nec turgescunt.)

minor de cet auteur est décrit sur des échantillons spécifiquement différents de l'*epithymum*, ne pourrait-on pas présumer, en effet, que ma plante fait partie de la végétation sous-alpine des Alpes génevoises, et qu'elle est entrée pour quelque chose dans la synonymie et la description du professeur de Genève ?

Obs. 2. — L'abondance de cette charmante espèce dans les Pyrénées me donne à penser que sa patrie est réellement dans les pays montagneux, et que l'échantillon récolté à Royan (Charente-Inférieure) provient de graines qui en sont descendues. Aussi, aurais-je vivement désiré de connaître la plante que M. Kotschy a nommée *C. alpina*, et que M. Choisy rapporte comme synonyme à son *C. minor ;* mais ce *C. alpina* est inédit et paraît ne pas exister dans les herbiers parisiens. Ce n'est donc qu'à cause de son nom et à cause de la station que celui-ci fait présumer, que je me sens instinctivement porté à l'attribuer à mon espèce. En l'absence de toute certitude à cet égard, je dédie la plante à l'auteur de l'*alpina*, et si mes prévisions se vérifient, ce dernier nom devra lui être restitué.

Obs. 3. — Il n'existe, pour ainsi dire, pas une seule description de Cuscute qui puisse faire reconnaître avec assurance l'espèce à laquelle elle se rapporte, et je crois, par conséquent, qu'on ne doit espérer de retrouver une espèce aussi éminemment montagnarde que celle-ci dans aucune description de Cuscutes *exotiques*, attendu qu'il y a bien peu de chances pour qu'une de ces étrangères ait été naturalisée précisément dans les hautes vallées des Pyrénées. Cependant, il y a, dans la description du *C. Palæstina* de M. Edm. Boissier, une telle analogie avec la mienne, que je n'ose me dispenser, à tout hasard, de la transcrire ici en note infrapaginale (1).

---

(1) C. Palæstina Boiss. — *Caulibus capillaceis rubellis floribus capitato-glomeratis glomerulis mediocribus sessilibus, flore singulo sessili, calicis carnosuli lobis triangulari-obtusis dorso costato-incrassatis, corollæ calyce vix longioris lobis brevibus ovatis obtusis, antheris flavis in fauce subsessilibus subrotundis, squamis minimis rotundatis denticulatis, stylis à basi divergentibus vix apice in stigmata incrassatis. — Hab. in Palæstinâ in* Poterio spinoso *parasitica. — Capitula et flores eis præcedentis* (C. Schiraziana *Boiss.) et* C. minoris *feré dimidió minores, calicis laciniis costato-incrassatis,* etc., *ab eis distincta* (Edm. Boissier, *Diagnos. plant. oriental.* fasc. 11, p. 86 ; 1849).

Je ne trouve du moins, dans sa diagnose, aucun caractère qui l'éloigne de ma plante, et j'y trouve, au contraire, des ressemblances notables ; mais ne connaissant l'espèce orientale que par une description qui n'est pas faite suivant un système monographique, je ne puis que mentionner, avec beaucoup d'hésitation, la possibilité de ce rapprochement.

OBS. 4. — Mon espèce est abondante dans les basses montagnes dont la végétation est déjà sous-alpine dans les environs de Bagnères-de-Bigorre, où je l'ai recueillie, pour la première fois, le 30 août 1839 au pic de Lhéris, à l'altitude de 1200-1600 mètres, sur *Helianthemum marifolium*, *Asperula cynanchica*, *Erinus alpinus* et *Teucrium pyrenaicum*. Je l'y retrouvai, le 29 septembre 1840, au pied de la Corniche (1400 mètres), sur *Passerina dioica*.

Le 2 octobre 1840, je la recueillis encore sur la même Passerine, entre 600 et 800 mètres, le long du chemin qui mène de Bagnères au village de la Bassère.

Le 4 et le 8 septembre de la même année, je l'avais rencontrée en abondance, entre 600 et 900 mètres, sur la montagne dite *Penna-blanca*, tout près de Bagnères-de-Bigorre ; elle y croissait dans les gazons sur les plantes suivantes, ligneuses ou sous-ligneuses pour la plupart : *Passerina dioica*, *Globularia nana*, *Galium mollugo*, *Teucrium pyrenaicum*, *Seseli montanum* (?) *Asperula hirta* et *Potentilla*......

Un voyage que vient de faire à Bordeaux le respectable botaniste de Bagnères-de-Luchon, M. Paul Boileau, m'a mis à même de lui montrer tous les échantillons bigorrais de ma plante, qu'il a reconnue pour être celle qui croît abondamment sur les pentes méridionales de la montagne de Cazaril (vallée de Luchon), à une altitude moyenne de 800 mètres. Elle y est parasite d'un bon nombre de plantes, la plupart aromatiques, et notamment des *Satureia montana*, *Globularia nana*, *Thymus serpyllum*, *Teucrium pyrenaicum*. Les botanistes pyrénéens la récoltent habituellement sous le nom de *C. epithymum* ou *minor*.

OBS. 5. — Lorsque j'étudiai mes récoltes pyrénéennes de 1840 au moyen de notes prises sur le vif, je crus être en possession définitive du *C. planiflora* Tenor., auquel la description incomplète de Koch m'avait engagé à rapporter, avec doute, mes échantillons de 1839. Depuis lors, j'ai reçu le vrai *planiflora*, et ce n'est pas ma plante.

Mais celle-ci, bien identique aux exemplaires pyrénéens (!), a été retrouvée le 22 août 1854, sur l'*Eryngium campestre*, à la Pointe de Vallière, près Royan (Charente-Inférieure), vers l'embouchure de la Gironde, par mon ami et collègue M. Gustave Lespinasse, de la Société Linnéenne de Bordeaux.

Obs. 6. — Les échantillons pyrénéens n'offrent entre eux de différences que sous le rapport du mucrone, plus ou moins prononcé, des lobes calicinaux.

La large ouverture de la gorge, qui ne peut être entamée par les écailles à cause de leur peu de longueur, est un des caractères les plus saillants de cette espèce, et semblait justifier à mes yeux l'épithète de *planiflora*. On l'observe parfaitement sur le sec et même sur des fleurs comprimées verticalement, et alors il ne faut pas prendre le parenchyme blanc et celluleux de la capsule, qui se montre à travers ce vaste orifice, pour les écailles dont une compression irrégulière pourrait seule faire apercevoir quelque portion frangée.

La capsule restant toujours renfermée dans le tube corollin, malgré l'accroissement des graines, je présume que ce tube doit être légèrement accrescent pendant la maturation.

La facilité qu'on éprouve à voir les écailles, malgré leur petitesse, sur certaines fleurs, tandis qu'on y réussit très-difficilement sur d'autres fleurs du même échantillon, me semble provenir de ce qu'elles sont d'abord convergentes en voûte sur l'ovaire très-jeune (et par conséquent alors bien détachées du tube) ; mais que, plus tard, elles se redressent contre ses parois et deviennent presque insaisissables au microscope.

Je ne connais pas de vrai *Cuscuta* dont les glomérules soient aussi *pauciflores* (2 à 6 fleurs) ; aussi ai-je, par exception, fait entrer ce caractère entre parenthèses dans la diagnose latine. De plus, les fleurs étant très-petites (moitié de celles de l'*epithymum*) , les glomérules sont fort petits aussi et ne dépassent pas, à la maturité comme pendant l'anthèse, le diamètre de 5 à 7 millimètres.

Obs. 7. — Deux des lobes du calice sont plus étroits que les trois autres. Rien n'est plus beau, au soleil et au microscope, que ces calices dont le parenchyme à très-grandes cellules semble un tissu composé d'utricules de cristal, d'or et de pourpre. Il y a parfois un point rouge au fond de l'angle qui sépare les lobes de la corolle, et ces lobes eux-mêmes ont souvent leur carène dorsale jaune ou rouge

Ces accidents de coloration sont beaucoup plus intenses dans l'échantillon de Royan que dans ceux des Pyrénées, et la consistance du calice y est également beaucoup plus charnue; modifications très-habituelles aux plantes des bords de la mer.

Obs. 8. — Les graines du *C. Kotschyi* se distinguent de toutes les autres que j'ai pu étudier, par la grandeur de leurs points enfoncés qui simulent ceux d'un dé à coudre, et par l'épaisseur des petites crêtes qui séparent ces points creux.

D'abord vertes, puis passant parfois par le jaune, les semences finissent par acquérir une superbe couleur rouge-violacée dans les exemplaires de Royan, moins uniforme et moins intense dans ceux des Pyrénées.

N° 6. CUSCUTA GODRONII. Nob.

C. alba! Godron in Gren. et Godr., Fl. de Fr., T. II, 2e part., p. 505 (1852); non Presl!

Diagnoses (Voir ci-contre, Tabl. N° VII).

Hab. Les départements méridionaux de la France, où cette espèce paraîtrait remplacer l'*epithymum;* — l'Algérie et *peut-être* l'Egypte.

Obs. 1. — L'échantillon d'après lequel j'ai établi cette espèce, en reconnaissant qu'elle diffère de l'*alba* de Presl, a été donné par M. Godron lui-même à M. Gay, qui a bien voulu m'y faire une part. Il provient de Montpellier, et adhère aux rameaux du *Dorycnium suffruticosum* et d'un *Ononis*.

Obs. 2. — Je rapporte à la même espèce, 1° un échantillon donné par M. Du Rieu et recueilli par M. docteur Guyon sur un *Thymus* nouveau du désert algérien, à Biskara. Les fleurs sont plus *scabrides* que celles de l'échantillon de Montpellier, et n'ont pas une teinte tout-à-fait aussi rougeâtre;

2° (Avec doute, attendu que je n'en ai reçu que des débris dans l'état le plus misérable), une Cuscute recueillie par M. Webb, en mars 1844, à Ouadi-Arabah entre Le Caire et Suez.

Obs. 3. — Rien ne s'oppose, en droit, à ce qu'il existe à la fois un *Cuscuta alba* et un *Succuta alba;* mais ce nom spécifique ayant été donné à la première plante dans l'intention de l'identifier avec la seconde, il résulterait de là une sorte de confusion que je dois éviter en changeant le nom de l'espèce la moins ancienne. Si, d'ail-

INFLORESCENCE.	CALICE.	COROLLE.	ÉTAMINES.	ÉCAILLES.	PISTILS.	CAPSULE.	GRAINES.	OBSERVATIONS.
Bractée large, ovale, courtement mucronée, charnue, colorée. *Diamètre* des glomérules, 3 millim. *Fleurs* avortées à la base du glomérule. *Pédicelle* nul.	Urcéolé, très-largement ouvert, fendu jusqu'à la ½. Lobes (plus ou moins colorés) triangulaires, moins pointus que les lobes corollins, non recouvrants à la base et non corniculés, dépassant le tube corollin et égalant la ½ de la longueur de ses lobes.	Urcéolé (blanche) peu ouverte à la gorge, fendue jusqu'à la ½. Lobes triangulaires allongés, pointus, non recouvrants à la base et fortement corniculés, dressés.	Atteignant la ½ des lobes corollins. Filament de moitié plus court que l'anthère allongée en cœur renversé, presque hastée, mutique, jaune ou rougeâtre.	Simples, obovales, larges, n'atteignant pas la base du filament. Fimbriations longues et boutonnées.	N'atteignant pas le sommet des anthères. Styles blancs, divergents, à stigmate rouge, de même longueur ou plus court que le style.	*Ovaire* vert, globuleux, un peu émarginé au sommet et rétréci à la base. *Capsule......*	(Trop jeunes pour être bien mesurées.) Ovales - triquètres, avec prolongement basal bien marqué, d'un jaune verdâtre. Mucilage peu abondant. Réticulation fine. Hile vertical.	*Pentamère.* Les lobes du calice se gonflent au contact de l'eau bouillante, (mais moins que dans *Succuta alba*).

DIAGNOSIS.

C. Pedicello proprio nullo; CALYCE urceolato (carnoso, colorato) laxissimo ad ½ fisso, *lobis* triangularibus acutiusculis non imbricantibus nec corniculatis, tubum corollæ superantibus loborumque ipsius ½ æquantibus; COROLLA (lactea) urceolatá (fauce subcoarctatá) ad ½ fissá, *lobis* elongato-triangularibus acutis non imbricantibus valdè corniculatis erectiusculis; STAMINIBUS lobis corollæ dimidiò brevioribus, *filamento antherá* luteo-rubente obcordato-elongatá ferè hastatá muticá dimidiò breviori; SQUAMIS simplicibus latè obovatis profundè fimbriatis, filamenti basin non attingentibus; PISTILLIS stamina non æquantibus, *stylis* divergentibus albis, *stigmate* æquilongo vel subbreviori purpureo; OVARIO globoso viridi, apice subemarginato basi coarctato; *capsulá............*; SEMINIBUS (uimis juvenilibus) ovato-triquetris subcaudatis, viridi-luteis.

(Calycis lobi, aquá ebulliente suffusi turgescunt (minùs verò quàm in *Succutá albá*.)

Tabl. n° VIII, *pag.* 61.

INFLORESCENCE.	CALICE.	COROLLE.	ÉTAMINES.	ÉCAILLES.	PISTILS.	CAPSULE.	GRAINES.	OBSERVATIONS.
Bractée petite, naviforme, ovale, membraneuse, incolore (appliquée à la tige). *Diamètre* des glomérules, 5-6 millim. *Fleurs* nues. *Pédicelle* nul.	Urcéolé (blanc), largement ouvert, fendu presque jusqu'à la ½. Lobes triangulaires, non recouvrants à la base, pointus, un peu corniculés, dépassant le tube de la corolle sans atteindre la longueur des lobes corollins.	Urcéolée-globuleuse, largement ouverte à la gorge, fendue jusqu'au ⅓ (blanche). Lobes largement ovales, subitement acuminés et courtement corniculés, non recouvrants à la base, étalés.	Egalant la ½ des lobes corollins, mais couchées sur l'ovaire. Filament d'abord plus court, puis double de l'anthère large, courte, mutique, d'un blanc jaunâtre.	Simples (très-difficiles à voir; appliquées au tube quand elles sont mouillées), larges, linéaires, atteignant presque la base du filament. Fimbriations peu régulières, assez allongées, simples, boutonnées.	Moins longs que les lobes corollins, et de moitié plus courts que la capsule. Styles blancs, divergents, plus ou moins égaux au stigmate rouge.	Globuleuse - déprimée, égalant le tube de la corolle.	½-¾ de millim. Largement ovales, comprimées d'arrière en avant, légèrement triquètres, d'un jaune brunâtre. Mucilage abondant. Réticulation forte, à points creux profonds et très-nets. Hile vertical.	*Pentamère*, rarement *tétramère*. Espèce très-distincte des précédentes, très-voisine de la suivante. Les lobes du calice se gonflent fortement et deviennent transparents au contact de l'eau bouillante.

DIAGNOSIS.

C. Pedicello proprio nullo ; CALYCE (pellucido albo) urceolato patulo ferè ad ½ fisso, *lobis* triangularibus non imbricantibus acutis subcorniculatis, tubum corollæ superantibus, lobis ipsius verò brevioribus ; COROLLA globoso-urceolatâ (fauce valdè apertâ) ad ⅓ fissâ (lacteâ), *lobis* latè ovatis acuminatis breviter corniculatis non imbricantibus patulis ; STAMINIBUS (aperturæ faucis incumbentibus) lobos corollæ dimidios æquantibus, *filamento anthera* muticâ luteolâ brevi latâ primùm breviori, demùm duplò longiori : SQUAMIS simplicibus latè linearibus, filamenti basin ferè attingentibus, longiusculè et irregulariter fimbriatis ; PISTILLIS lobis corollæ brevioribus, capsulam maturam dimidiam æquantibus, *stylis* divergentibus albis cum *stigmate* rubescenti plus minus æquilongis ; CAPSULA globoso-depressâ tubum corollæ æquante ; SEMINIBUS latè ovatis compressis subtriquetris ecaudatis (profundè reticulatis), luteo-brunneis.

(Calycis lobi, aquâ ebulliente suffusi valdè turgescunt et crystallini evadunt).

leurs , quelques botanistes refusaient d'adopter mon genre *Succuta*, il leur faudrait créer un nom pour le *C. alba* de M. Godron , puisqu'il n'est pas l'*alba* de Presl. Je suis donc heureux de dédier l'espèce française à l'éminent botaniste qui l'a le premier signalée en France, au digne Recteur de l'Académie de l'Hérault , à l'excellent homme dont tous les travaux portent , avec le cachet du talent, celui bien plus précieux encore de l'amour du bien , du juste et du vrai.

N° 7. **CUSCUTA EPISONCHUM.** Webb in Bourgeau , plant. Canar. n° 426 ; Ejusd. Phytogr. Canariens. sect. III, p. 36, pl. 141 , n° 3 (1844 , 1845).

Diagnoses (Voir ci-contre, Tabl. N° VIII).
Hab. Les Canaries ; l'Algérie.
Obs. 1. — M. Webb n'a pas très-bien figuré la graine. Sa figure montre un enfoncement central au lieu de la carène obscure de la face interne de la graine mûre. L'aréole transversalement ovale du hile , devrait être ronde , et elle ne laisse pas voir la cicatrice si facilement visible dans la nature.

Les fimbriations des écailles sont , ce me semble , trop courtes dans la figure , et les divisions du calice et de la corolle ne sont pas assez profondes.

N'ayant sous les yeux qu'un seul et très-maigre échantillon *authentique*, donné par M. Webb , et composé de trois glomérules et de quelques fragments recueillis sur le *Sonchus spinosus* à Ténériffe et à la Grande-Canarie en mai 1845 et mars 1846 , je ne puis me former qu'une idée fort restreinte de l'ensemble des caractères certains de cette espèce. Elle paraît extrèmement voisine du *C. calycina* de M. Webb, dont elle différerait principalement par son calice et sa corolle moins profondément fendus , par ses écailles atteignant la base des filaments , par ses styles droits et plus longs, et par ses graines énergiquement réticulées.

Obs. 2. — Je rapporte à cette espèce :

1° Des échantillons innominés , recueillis par mon ami Du Rieu à Bone , sur le *Genista numidica ;*

2° Des échantillons innominés , récoltés par le même botaniste à Mostaganem , sur le *Convolvulus althæoides ;*

3° Une Cuscute de Ténériffe , recueillie en mai 1846 dans le *Bar-*

ranco de Chinico, par M. Bourgeau, et qui porte le n° 459 de ses *Plant. Canariens*. M. Webb, qui m'en a envoyé un glomérule et quelques fruits mûrs, lui a donné, dans son herbier, le nom encore inédit de *C. epiplocamum*, parce qu'elle a été recueillie sur le *Plocama pendula* Ait.; mais elle ne me paraît pas différer spécifiquement du *C. episonchum*, bien que sa graine soit un peu plus forte que celle des autres échantillons et approche de 1 millimètre dans son grand diamètre.

4° Une Cuscute des hautes montagnes de la Grande-Canarie, récoltée par M. Bourgeau en mai 1846 sur le *Teline rosmarinifolia*, et que M. Webb a bien voulu me communiquer avant de l'avoir déterminée. Ses stigmates me semblent un peu plus longs, ses calices un peu plus fendus et à lobes plus obtus que le type; cependant, les graines énergiquement réticulées et tout l'aspect du glomérule sont tels, que je ne crois pas pouvoir l'éloigner de l'*episonchum*.

5° Une Cuscute des côteaux maritimes de la Grande-Canarie, recueillie par M. Bourgeau le 12 mars 1846 sur le *Salvia Canariensis*, et que M. Webb m'a également envoyée sans l'avoir déterminée. L'échantillon étant peu comprimé et parfaitement complet, sous le rapport des fleurs et des graines, j'ai pu l'étudier à fond.

N° 8. CUSCUTA CALYCINA. Webb, Phytogr. Canariens. sect. III, p. 37 (13 juillet 1844), n° 4, pl. 142 (8 avril 1845).

C. urceolata Kunze (*plant. Wibkommianæ*) in Bot. Zett. T. XXIX, p. 651 (7 novembre 1846).

Diagnoses (Voir ci-contre, Tabl. N° IX).

Hab. Les Canaries; l'Algérie; le midi de l'Espagne.

Obs. 1. — C'est à l'obligeance de M. Kralik, conservateur de l'herbier de M. Webb, que je dois les *dates exactes* de la publication des deux noms spécifiques de M. Webb et de M Kunze.

Obs. 2. — Ma description est faite d'après les matériaux suivants :

Des échantillons *authentiques* (calycina) de Ténériffe (sur *Rumex lunaria* et diverses autres plantes), donnés par M. Webb.

Un échantillon *authentique* (urceolata) de la collection espagnole de Wibkomm (sur......), donné par M. Du Rieu.

Un échantillon innominé (sur un *Trifolium* ou un *Medicago* herbacé), recueilli par M. Reuter dans la région inférieure de la *Sierra*

INFLORESCENCE.	CALICE.	COROLLE.	ÉTAMINES.	ÉCAILLES.	PISTILS.	CAPSULE.	GRAINES.	OBSERVATIONS.
Bractée grande, plane, ovale-triangulaire, obtuse, membraneuse, peu colorée. *Diamètre des glomérules*, 4-8 millim. *Fleurs* avortées à la base du glomérule. *Pédicelle* nul ou presque nul.	Excipuliforme (jaunâtre), très-ouvert , fendu jusqu'aux ³/₄. Lobes lancéolés-triangulaires, pointus ou courtement acuminés, non recouvrants à la base, égalant presque la longueur de la corolle complète.	Urcéolée, assez ouverte à la gorge, fendue presque jusqu'à la ¹/₂ (blanche). Lobes triangulaires, pointus ou courtement acuminés, non corniculés (fortement veinés) recouvrants à la base, peu étalés.	Atteignant les ²/₃ des lobes corollins (non couchées sur l'ovaire). Filament d'abord plus court, puis plus long que l'anthère petite , courte , apiculée, pâle ou jaune.	Simples, larges, ovales-tronquées, bien détachées du tube et atteignant la base du filament. Fimbriations courtes, crépues et inégales, boutonnées. (Sinus intersquamaires larges, arrondis , bien détachés du tube).	Moins longs que les lobes corollins, et un peu moins longs que la capsule mûre. Styles droits, blancs, à peu près égaux au stigmate rougeâtre.	Globuleuse - déprimée, 4-lobée par les graines, atténuée à la base (*Webb*), égalant à peu près le tube de la corolle.	¹/₂ à 1 millim. Irrégulièrement triquètres, à dos comprimé et souvent marqué d'une dépression pellucide au centre (à cause de l'embryon unispiré *Webb*), d'un jaune rougeâtre. Mucilage assez abondant. Réticulation très-fine. Hile vertical.	*Pentamère.* Espèce très-voisine de la précédente; mais ses graines paraissent (en général) plus petites et plus pellucides. Cloison souvent persistante. Les lobes du calice se gonflent moins que ceux de l'espèce précédente au contact de l'eau bouillante.

DIAGNOSIS.

C. Pedicello proprio nullo aut subnullo ; ᴄᴀʟʏᴄᴇ (luteolo) excipuliformi patulo ad ³/₄ fisso , *lobis* lanceolato-triangularibus non imbricantibus acutis vel breviter acuminatis corollam totam ferè æquantibus ; ᴄᴏʀᴏʟʟᴀ urceolatâ (mediocriter hiante) ferè ad ¹/₂ fissâ (lacteâ), *lobis* triangularibus acutis vel breviter acuminatis nec corniculatis (validè 3-venosis) vix patulis ; sᴛᴀᴍɪɴɪʙᴜs (erectis) ad ²/₃ loborum corollæ porrectis, *filamento antherâ* apiculatâ pallidâ luteâve brevi parvâ demùm longiori ; sǫᴜᴀᴍɪs simplicibus latis ovato-truncatis filamenti basin attingentibus (ovarium autem non tegentibus), fimbriis brevibus inæqualibus crispis ; ᴘɪsᴛɪʟʟɪs lobis corollæ et capsulâ maturâ paulò brevioribus , *stylis* rectis albis cum *stigmate* rubescenti circiter æquilongis ; ᴄᴀᴘsᴜʟᴀ globoso-depressâ seminibus excrescentibus 4-lobatâ, basi attenuatâ (*Webb*), tubum corollæ ferè adæquante ; sᴇᴍɪɴɪʙᴜs (pellucidis) irregulariter compresso-triquetris, ecaudatis (minutè reticulatis), luteo-rubris.

(Calycis lobi , aquâ ebulliente suffusi minùs quàm in præcedente turgescunt.)

Nevada (midi de l'Espagne), et donné par M. Cosson. Cet exemplaire est à glomérules plus gros, et les fleurs sont plus grandes dans toutes leurs parties.

Trois échantillons innominés, donnés par M. Du Rieu et provenant : 1º d'Alger (sur diverses plantes), 2º d'Oran (sur *Carduus Spachianus*), 3º de La Calle (sur *Ænanthe fistulosa*).

Obs. 3. — Je trouve quelques légères différences entre mes analyses détaillées (à l'eau bouillante) des échantillons authentiques de *Cuscuta calycina* et de *C. urceolata ;* mais j'en trouve aussi entre les figures publiées par M. Webb et les échantillons que j'ai reçus de lui. L'évaluation des longueurs est une chose excessivement difficile dans les Cuscutes non vivantes, bien que ramollies. Je crois donc devoir donner une certaine élasticité à mes diagnoses, afin de ne pas multiplier les espèces au-delà de toute limite raisonnable

Une fleur de Cuscute, analysée à des âges différents, offrira certainement des variations de ce genre, de même que les glomérules jeunes ou plus avancés en offrent de très-marquantes. Les glomérules de mes échantillons d'Alger et de Wibkomm sont jeunes et petits : les autres sont pourvus de bonnes graines. Je puis me tromper, mais je crois avoir des raisons suffisantes pour réunir ces échantillons en une espèce qui s'étendrait du midi de l'Espagne, par l'Algérie, jusqu'aux Canaries.

Obs. 4. M. Webb m'a communiqué, sous le nom de « *C. europæa ?* non mentionnée dans son *Phytogr. Canariens.*, » trois glomérules recueillis le 16 avril 1845 par M. Bourgeau, sur le *Silene Bourgæi* Webb, dans l'île de Gomère. Après un examen très-détaillé, et après m'être bien convaincu que cette Cuscute diffère essentiellement de l'*europæa* (ne fût-ce que par la forme et la grandeur de ses écailles, par la forme et la petitesse de ses graines), je crois pouvoir la rapporter avec confiance au *C. calycina*.

Obs. 5. — Voici enfin la description du *Cuscuta urceolata* que je donne aussi pour synonyme à l'espèce de M. Webb :

« *Caule tenui parcè ramoso rubello ; corollis urceolatis, limbi laci-*
« *niis tubo brevioribus obtusiusculis, squamis obcordatis adpressis,*
« *stigmatibus filiformibus reflexis.* ⊖. — *Flores albi.* — *Crescit in*
« *Hispaniâ australi parasitica in* Artemisiâ campestri (*var.* gluti-
« nosâ). — *An* C. epithymum, *Boiss. ?* »   Kunze, loc. cit.

2ᵉ genre. **EPILINELLA.**

Nᵒ 1. (Species unica). EPILINELLA CUSCUTOIDES. Pfeiff. Cuscutac., in Bot. Zeit. 1845, p. 673, et 1846, p. 17. — Buchinger, Annal. scienc. natur. 3ᵉ série, 1846, T. V, p. 86.

Cuscuta epilinum Weihe, arch. d. apothek., T. VIII. p. 51.— Koch, Synops. ed. 2ᵃ p. 570, nᵒ 4 (1844). — Babingt. Man. of Brit. Bot. ed. 2ᵃ p. 216, nᵒ 2 (1847). — Mert. et Koch, Deutschl. Fl. T. II. p. 331. — Chois. in DC. Prodr. T. IX, p. 452, nᵒ 1 (1845). — Lagrèze-Fossat, *De la Cuscute*, p. 7 (1846), et Fl. du Tarn-et-Garonne, p. 253, nᵒ 3. — Boreau, Fl. du Cent. ed. 2ᵃ p. 358, nᵒ 1322. — Mutel, Fl. Fr. T. II, p. 303, nᵒ 4; pl. 37, fig. 285 (*icon mala quoad stigmata* **NON CLAVATA**). — Reichenb. Fl. Germ. excurs. nᵒ 3799, p. 586. — Guépin, Fl. de Maine-et-Loire, ed. 3ᵃ p. 168, nᵒ 563 (ex specim!). — Kirschleg. Fl. d'Alsace, T. I, p. 528, nᵒ 4 (1851). — Webb, Phytogr. Canariens. sect. III, p. 36, nᵒ 2.

Cuscuta densiflora Soyer-Willemet, Annal. Soc. Linn. Paris, 1825, p. 281; Ejusd. Obs. s. qq. pl. de Fr. (1828), p. 99. — Duby, Bot. gall. append. sect. III, p. 1011. — Coss. et Germ. Fl. Paris, T. I, p. 261; pl. XIV, fig. B. — Gren. et Godr. Fl. de Fr. T. II, 2ᵉ part. 1852), p. 503.

Cuscuta vulgaris Presl. cech. 56; ɴoɴ Pers.

Cuscuta major Koch et Ziz, Cat. palat. p. 5; ɴoɴ cæter. auctor.

Cuscuta linodesmon Conr. Gesner.

Dɪᴀɢɴᴏsᴇs (Voir ci-contre, Tabl. Nᵒ X).

Hᴀʙ. L'Europe tempérée, et paraît s'avancer vers le Nord plus que vers le Midi; cependant, elle a été transportée aux Canaries.

Oʙs. 1. — Les graines offrent des teintes très-variées entre le jaune et le brun-noirâtre; leur couleur normale, à la maturité parfaite, paraît être le brun-jaune (jaune d'œuf très-foncé). Leurs points creux sont plus grands que dans le genre *Cuscuta* (le *C. Kotschyi* excepté).

Les lobes du calice égalent le tube de la corolle, même à la maturité, à cause du peu d'allongement de la capsule. Celle-ci n'est presque pas accrescente en hauteur; aussi n'est-elle jamais plus

INFLORESCENCE.	CALICE.	COROLLE.	ÉTAMINES.	ÉCAILLES.	PISTILS.	CAPSULE.	GRAINES.	OBSERVATIONS.
Bractée triangulaire-cymbiforme , à peine pointue, charnue, colorée. *Diamètre* des glomérules, 10-11 millim. *Fleurs* avortées à la base du glomérule. *Pédicelle* nul.	Excipuliforme, très-ouvert , fendu jusqu'à la base. Sépales (inégaux en largeur , formant comme deux verticilles) carénés, obtus, mucronés-corniculés, recouvrants à la base, égalant le tube corollin et la capsule mûre.	Urcéolée-globuleuse, fendue jusqu'au ¼. Lobes triangulaires mucronés, dressés.	Plus courtes que les lobes de la corolle. Filament au moins égal à l'anthère mutique, ovale-cordiforme, jaunâtre.	Simples ? bifides ? excessivement petites et n'atteignant pas la ½ du tube de la corolle, larges, obovées. Fimbriations simples, courtes , épaisses et boutonnées.	N'égalant pas la ½ de la capsule mûre. Styles divergents, filiformes , plus courts que le stigmate en massue, charnu, jaune.	*Globuleuse-rétuse ,* 4-lobée par les graines, ne dépassant pas la longueur du tube corollin. *Orifice* grand, ovale-arrondi , partagé par une bride interstylaire.	Dépassant toujours 1 mill., globuleuses-subcubiques, bifossulées sur le dos, d'un brun rougeâtre ou noirâtre. Mucilage abondant, aréolé (imitant l'arille de la muscade). Réticulation profonde.	*Pentamère.* Les écailles sont fort difficiles à voir : M. Cosson les figure *simples,* tandis que j'ai cru les voir *bifides.* Les lobes du calice s'épaississent , mais ne se gonflent pas au contact de l'eau bouillante.

DIAGNOSIS.

E. Pedicello proprio nullo ; CALYCE excipuliformi 5-partito patulo , *sepalis* (latitudine inæqualibus) dorso carinatis obtusis mucronato-corniculatis imbricantibus, tubum corollæ capsulamque maturam æquantibus ; COROLLA globoso-urceolatâ ad ¼ fissâ , *lobis* triangularibus mucronatis erectis (tubo triplò brevioribus); STAMINIBUS lobis corollæ brevioribus, *filamento antheram* muticam ovato-cordatam luteolam saltem æquanti ; SQUAMIS minutissimis (simplicibus ? bifidis ?) tubo dimidio brevioribus , latè obovatis fimbriatis ; PISTILLIS capsulâ maturâ dimidiâ brevioribus ; *stylis* divergentibus *stigmate* clavato carnoso luteo brevioribus ; CAPSULA globoso-retusâ 4-gibbâ corollæ tubum haud superante (ore interstylari ovato-rotundato magno) ; SEMINIBUS globoso-subcuboideis dorso bifossulatis (valdè reticulatis mucilaginosisque), fulvis vel nigrescentibus.

(Calycis lobi, aquâ ebulliente suffusi incrassantur , nec turgescunt.)

jongue que le tube corollin ; ses loges se gonflent latéralement par l'accroissement des graines , en sorte qu'elle paraît 4-lobée.

L'orifice interstylaire est ovale-transversal , plus grand que dans le genre *Cuscuta*, moins grand que dans *Cassutha*.

Obs. 2. — Je n'ai pas cherché à résoudre plus positivement la question de la forme *simple* ou *bifide* des écailles , parce que je ne possède cette espèce que sur le Lin cultivé , et que le genre parait jusqu'ici monotype.

Obs. 3. — Je ne m'explique pas très-bien comment MM. Grenier et Godron décrivent les glomérules ou capitules de fleurs comme *dépourvus de bractée* (loc. cit. p. 504) , tandis que j'ai pu décrire celle de mes échantillons. Je présume pourtant que , par erreur typographique , ces mots ont été placés à la fin de la phrase , au lieu de l'être au commencement et de manière à ce que l'adjectif *dépourvus* (qui devait alors être au féminin) se rapportât *aux fleurs*.

Obs. 4. — Je ne connais aucune indication de cette espèce hors de sa station normale (*Linum usitatissimum*) , si ce n'est celle que fournissent le *Catalogue des plantes vasculaires du Calvados* , par MM. Hardouin , Renou et Le Clerc (Mém. de la Soc. Linn. de Normandie , 1849 , T. VIII , p. 221 ; tirage à part in-18° , p. 192) , et la *Flore de Normandie* , 2ᵉ éd. 1849 , p. 166 , par M. Alph. de Brébisson. C'est ce dernier botaniste qui a trouvé , mais rarement , à Falaise , l'*Epilinella* sur le Lin *et sur la Caméline*.

Obs. 5. — Les localités d'où proviennent les échantillons linicoles que j'ai sous les yeux sont : Angers (M. Guépin) , Metz (M. du Rieu) , Deux-Ponts (échant. n° 8 du *Flor. exsicc.* de Schultz).

3ᵉ genre. **MONOGYNELLA**.

N° 1 (Species unica). MONOGYNELLA VAHLIANA. Nob.

Cuscuta monogyna Vahl, symb. 2. p. 32.—DC. Fl. Fr. suppl. p. 425, n° 2755ᵃ—Duby, Bot. gall. p. 331, n° 3.—Koch, Synops. ed. 2ᵃ, p. 570, n° 6. — Loisel. Deslongch. Fl. gall. ed. 2ᵃ, T. I, p. 182, n° 4.—Mutel, Fl. Fr. T. II, p. 303, n° 3 ; pl. 37, fig. 284. — Reichenb. Fl. Germ. excurs. n° 3803, p. 586. — Chois. in DC. Prodr. T. IX, p. 455, n° 14. — Gren. et Godr. Fl. de Fr. T. II, 2ᵉ part. p. 506.

Cuscuta lupuliformis Krock, siles. p. 261, tab. 6.

Diagnoses (Voir ci-contre, Tableau n° XI).

Hab. L'Europe et l'Asie, non-seulement sur la vigne, mais encore sur plusieurs autres végétaux. Ma description est faite d'après un échantillon magnifique (Beaucaire, sur la vigne) donné par feu Requien.

Obs. — Je n'ai pu conserver le nom spécifique de Vahl, puisqu'il constate une particularité caractéristique du nouveau genre ; mais je l'ai rappelé autant que possible en lui donnant la forme générique. Quant au nom spécifique de Krock (*lupuliformis*), il n'avait ni dû ni pu être adopté tant que l'ancien demeurait spécifique, et j'ai dit pourquoi je lui substitue celui de l'auteur qui , le premier, a nommé la plante.

2ᵉ tribu. *Cuscutineæ*.

4ᵉ genre. **CASSUTHA.**

(Voir, ci-contre, la *Clef synoptique* des espèces, Tabl. n° XII).

N° 1. CASSUTHA SUAVEOLENS (sub *Cuscutá*) Seringe, 1840 (ubi sit legenda descriptio, nescio).

Cuscuta suaveolens F. Schultz, Fl. Gall. et Germ. exsicc. n° 1106.

Cuscuta Hassiaca Pfeiff. Hall. Bot. Zeit. (13 octobr. 1843), p. 705, n° 41.—Koch, Synops. ed. 2ª, p. 570, n° 5 (1844); à cel. Guépin (Fl. de Maine-et-Loire, ed. 3ª.) *C. rossiaca*, et à cel. Requien (in schedul. cum specim. Corsico ab ipso desideratiss. amico anno 1847 mecum communic.) *C. aurantiaca* suadente consonantiâ vocum malè scripta.

Engelmannia migrans Pfeiff. Bot. Zeit. (1845), p. 673.

Engelmannia suaveolens Pfeiff. Cuscutac. in Bot. Zeit. (1846), p. 17 (nomen generis rejiciendum ex cl. Buchinger in Annal. scienc. natur. 3ᵉ série, T. V, p. 85-88 (1846), propter *Engelmanniam* jamdudùm à Klotschio propositam).

Pfeifferia suaveolens Buchinger, loc. cit. p. 87 (nomen iterùm rejiciendum, ex cell. Brongniart et Decaisne in eàdem libri paginâ, *infrà*.)

Cuscuta corymbosa Chois. in DC. Prodr. T. IX, p. 456, n° 19 (1845). — Kirschleg. Fl. d'Alsace, T. I, p. 528, n° 5 (1851).

INFLORESCENCE.	CALICE.	COROLLE.	ÉTAMINES.	ÉCAILLES.	PISTIL.	CAPSULE.	GRAINES.	OBSERVATIONS.
En *épi* lâche. *Bractée* arrondie-concave, charnue, colorée. Une *bractéole* analogue sous chaque fleur. *Pédicelle* nul.	Excipuliforme, très-ouvert, fendu jusqu'à la base. Sépales (formant comme deux verticilles) larges, arrondis, égalant le tube corollin et le 1/3 de la capsule mûre.	Cylindracée, fendue jusqu'au 1/3. Lobes arrondis-concaves (charnus), se roulant en gouttière, dressés.	Filament nul (en apparence). Anthère étroite, lancéolée, apiculée, d'un pourpre violet.	Bifides, presque contiguës, obtuses, fimbriées-crépues tout autour de leurs lobes, atteignant la base de l'anthère. (*Couronne* continue, adnée jusqu'à la 1/2 du tube).	Unique. Style épais, 6 fois plus court que la capsule adulte (y compris le stigmate oviforme, rouge).	Ovale-conique, triple du calice. (Sa coiffe détachée ressemble exactement à une cloche à bords peu évasés).	2 graines seulement, dépassant 3 mill., très-comprimées, jaunes puis d'un brun clair. Mucilage à peu près nul.	*Pentamère.* Fleurs très-grosses. Le filament existe en réalité, filiforme et très-visible, mais adné au tube dans toute sa longueur. Les lobes du calice n'éprouvent aucun changement au contact de l'eau bouillante.

DIAGNOSIS.

M. (Spicâ laxâ) Flore singulo unibracteolato in spicâ sessili ; CALYCE excipuliformi quinquepartito patulo, *sepalis* latò rotundatis tubum corollæ et tertiam capsulæ partem æquantibus ; COROLLA cylindraceâ ad 1/3 fissâ, *lobis* rotundato-concavis erectis (canaliculatis, carnosis); STAMINIBUS inclusis (*filamento* nullo) , *antherâ* angustò lanceolatâ apiculatâ purpureo-violaceâ ; SQUAMIS bifidis subcontiguis obtusis, *lobis* undiquè fimbriato-crispis basin antheræ attingentibus ; *stylo* crasso, cum *stigmate* oviformi rubro sextam capsulæ partem æquante ; CAPSULA ovato-conicâ, calyce triplò longiore; SEMINIBUS (binis) valdè compressis, luteis demùm subfuscis.

(Calycis lobi, aquâ ebulliente suffusi non incrassantur neque turgescunt.)

Clef synoptique des 4 espèces de **CASSUTHA** décrites dans ce Mémoire. *Tabl.* nᵒ XII, *pag.* 66.

COROLLE

Campanulée; CORYMBE très-lâche;
CALYCE fendu jusqu'à la ¹/₂. . . . . *C. suaveolens*, nᵒ 1.

urceolée; CORYMBE subglobuleux;
CALICE......

fendu jusqu'aux ²/₃, plus long que le tube de la corolle; SINUS interlobaires de la corolle étroits. . . . . *C. americana*, 2.

Fendu jusqu'à la ¹/₂, égal au tube de la corolle; SINUS interlobaires de la corolle étroits. . . *C. chrysocoma*, 3.

fendu jusqu'au ¹/₃, plus court que le tube de la corolle; SINUS interlobaires de la corolle larges. *C. arabica*, 4.

NOTA. — Je ne crois pas qu'on puisse trouver, dans un genre étroitement circonscrit, quatre espèces plus manifestement distinctes que celles-ci; et pourtant, j'ai éprouvé autant de difficulté à dresser ce tableau, à l'aide du même ordre de caractères, que pour le tableau des *Cuscuta*.

INFLORESCENCE.	CALICE.	COROLLE.	ÉTAMINES.	ÉCAILLES.	PISTILS.	CAPSULE.	GRAINES.	OBSERVATIONS.
Corymbe presque toujours rameux, le plus souvent très-lâche et divisé en ombellules, rarement subglobuleux. *Bractée* courte, lancéolée, membraneuse, subscarieuse. Une *bractéole* analogue sous chaque fleur. *Diamètre* de chaque ombellule, 15 millim. au plus. *Pédicelle* propre plus ou moins long.	Urcéolé, lâchement ouvert, fendu jusqu'à la ½. Lobes larges, ovales-arrondis, légèrement rétrécis au sommet, atteignant au plus la ½ du tube corollin.	Campanulée, fendue au moins jusqu'au ⅓. Lobes ovales-triangulaires, corniculés, non étalés. Sinus interlobaires nuls, les lobes s'élargissant subitement pour se recouvrir à la base.	Atteignant à peine le sommet des lobes corollins. Filament d'abord plus court, puis un plus long que l'anthère mutique, jaune.	Simples, un peu moins longues que le tube corollin, conniventes pendant l'anthèse, étroites, spatulées, frangées par tout et surtout en haut, de longs cils crépus et subbifides à leur extrémité.	Dépassant souvent le tube de la corolle, égalant la ½ de la capsule mûre. Styles divergents, élargis à la base. Stigmates un peu déprimés, verts sur le vif, jaunes-rougeâtres ou bruns sur le sec.	Globuleuse sub-ovale, obtuse, mince et très-fragile, égalant la longueur totale de la corolle à la maturité.	Dépassant toujours 1 millim., subglobuleuses, légèrement comprimées, terminées par un bec droit, rudimentaire, très-saillant dans la jeunesse, jaunes, puis fauves. Mucilage peu abondant. Réticulation faible et très-fine. Hile transversal.	*Pentamère.* Les lobes du calice n'éprouvent aucun changement au contact de l'eau bouillante.

DIAGNOSIS.

C. Corymbulo ramoso laxiusculo, sæpiùs laxissimo umbellulifero, ramulis umbellulisve uni-multi-floris, flore singulo unibracteolato; pedicello proprio plus minus elongato; CALYCE urceolato patulo ad ½ fisso, *lobis* ovato-rotundatis obtusiusculis tubum corollæ dimidium vix æquantibus; COROLLA campanulatâ saltem ad ⅓ fissâ, *lobis* ovato-triangularibus corniculatis imbricantibus erectiusculis; STAMINIBUS corollæ lobos vix æquantibus, *filamento antherâque* muticâ luteâ circiter æquilongis; SQUAMIS simplicibus spathulatis angustis undiquè fimbriatis tubo corollæ vix brevioribus; PISTILLIS tubum corollæ sæpè superantibus capsulam dimidiam vix æquantibus, *stylis* divergentibus, *stigmate* depressiusculo viridi (ex plantâ vivâ!); CAPSULA globosâ subovali obtusâ corollam totam æquante; SEMINIBUS subglobosis compressiusculis leviter rostratis, luteis demùm fulvis.

(Calycis lobi, aquâ ebulliente suffusi non incrassantur, neque turgescunt.)

—Gren. et Godr. Fl. de Fr. T. II, 2e part. (1852), p. 505 : — NON
Ruiz et Pavon, Fl. Peruv., monente cl. Buchinger loco supra
citato (1846).

« Ad *Cuscutam corymbosam* Choisy *C. Hassiaca* accedere videtur. » (Choisy, in DC. Prodr. T. IX, addend. et corrigend.
p. 565 [1845]).

Diagnoses (Voir ci-contre, Tabl. no XIII).

Hab. L'Amérique, d'où elle a été rapportée en Europe avec des
graines de Luzerne, et elle s'y est propagée d'une manière souvent
désastreuse.

Obs. 1. — Les localités *bordelaises* que j'ai sous les yeux sont :
Allée Boutaut (bord des fossés ; enroulant des tiges de *Calystegia
sepium* et d'*Avena*....) ; — Blanquefort (au bord de la Jalle, sur.....
c'est l'échantillon étiqueté *Cuscuta europæa* dans l'Herbier de la
Flore Bordelaise) ; — Mérignac (domaine de M. Baour, sur la
Luzerne cultivée ; échant. recueillis par M. Alex. Lafont).

Les localités étrangères au département de la Gironde qui ont
concouru avec les précédentes à me fournir les matériaux de ma
description sont : Agen (champs des bords de la Garonne, sur
Medicago sativa et *Polygonum aviculare ;* récoltes de MM. Od.
Debeaux et Alb. Irat) ; — Ajaccio (sur *Polygonum aviculare ;* c'est
le *Cuscuta aurantiaca* envoyé par Requien) ; — Deidesheim dans le
Palatinat (sur *Medicago sativa* et *Trifolium pratense ;* échant.
no 1106 du *Fl. exsicc.* de Schultz).

Obs. 2. — La bractée, les bractéoles et toutes les parties de la
fleur sont membraneuses, subpellucides et plus minces que dans
les deux espèces à *facies* américain que je possède, et surtout que
dans le genre *Cuscuta.*

Obs. 3. — Les écailles partent presque du fond de la corolle, et
leur courbure, ainsi que leur dimension assez forte, les rendent
très-faciles à voir. Elles sont libres dans presque toute leur longueur, entières et non bifides, et la couronne basale de laquelle
elles partent m'a paru frangée comme les écailles qui forment ses
lobes. Ces écailles étant très-voisines l'une de l'autre, les angles
qui séparent leurs bases (sinus intersquamaires) sont fort étroits.

Obs. 4. — Dans leur position normale, les styles sont déjetés,
couchés sur la capsule mûre, et leur extrémité seule se relève,
mais il arrive souvent, sur les échantillons secs et plus ou moins

tourmentés pendant la maturation, que cette position est dérangée, et qu'on trouve des styles presque droits. — Leur inégalité est plus manifeste que dans les espèces à *facies* américain que j'ai sous les yeux, et où elle ne dépasse guère une mesure égale à l'épaisseur du stigmate.

Obs. 5. — Les ombellules sont quelquefois très-serrées (surtout à la parfaite maturité des fruits, et quand le nombre de tiges parasites enroulées autour de la Luzerne est considérable). D'autres fois, elles sont très-lâches et leurs pédicelles très-longs; je ne crois pas cependant que, dans ce cas, leur hauteur à l'état de vie, ou leur diamètre à l'état de compression, dépasse 15 millimètres.

Obs. 6. — Je dois dire que l'échantillon Corse, envoyé par feu Requien sous le nom d'*aurantiaca*, semble avoir quelques caractères communs avec une des *species minùs notæ* de M. Choisy (Prodrom. T. IX, p. 461, nº 49). Cette espèce, qui porte un double nom : « *C. Polygonorum* aut *C. chlorocarpa* Engelm. p. 194, 196, tab. 3, fig. 7, » m'est inconnue et croît à Saint-Louis du Mississipi. — Mon échantillon Corse a les graines d'un jaune *abricot*, plus ovales, plus opaques et plus ternes qu'il n'est ordinaire à celles du *Cassutha suaveolens*, et aussi plus petites. Je n'ai pas d'ailleurs aperçu de différences appréciables dans les autres parties du végétal, et MM. Grenier et Godron donnent le nom de M. Requien comme certainement synonyme de celui de M. Pfeiffer.

Obs. 7. — M. Odon Debeaux fils, d'Agen, a le premier déterminé la plante dont il s'agit, dans la Gironde, sous le nom de *Cuscuta Hassiaca* Pfeiffer, espèce qu'il avait vue en abondance dans l'Agenais, et qu'il s'était même flatté d'avoir trouvée le premier en France.

Mais l'assimilation proposée comme *douteuse* par M. Choisy (in DC. Prodr. T. IX, p. 456), entre l'espèce de Pfeiffer et son *Cuscuta corymbosa*, est reconnue comme de plus en plus *probable* par les *addenda et corrigenda* de ce même volume (p. 565), et plus récemment encore comme *certaine* par M. Buchinger (loc. cit. p. 88). De plus, M. Seringe avait décrit la plante. dès 1840, sous le nom de *Cuscuta suaveolens*, et M. Choisy l'avait indiquée, en 1844, sous le nom de *corymbosa*, comme abondante à Lyon (je dis en 1844, parce que le T. IX du *Prodromus* porte pour date le 1er janvier 1845).

La plante était donc connue et décrite en France bien avant

M. O. Debeaux, à qui on doit seulement de l'avoir bien déterminée, en 1849, dans la Gironde, où nous la prenions tous pour le *Cuscuta europœa* (je l'avais en herbier depuis vingt-cinq ou trente ans sous ce dernier nom, de même que M. Laterrade, qui l'avait inscrite dans sa Flore Bordelaise sous la même fausse désignation).

En 1851, j'ai vérifié minutieusement tous les caractères de la plante *vivante*, dans la 2e édition du *Synopsis* de Koch, dont la description, sous le nom de *Cuscuta Hassiaca*, est très-exacte. Celle de M. Choisy, dans le *Prodromus*, est nécessairement rédigée sur un autre plan, puisqu'elle doit servir de diagnose dans un genre où sont énumérées quarante-neuf espèces, tandis que Koch n'en avait que six à caractériser ; mais elle ne présente rien d'incompatible avec les termes employés par Koch.

Cette coïncidence ne paraîtra pas surprenante, si l'on veut bien suivre la filière des faits historiques qui se rapportent à l'espèce en question, tels qu'ils sont rapportés par M. Buchinger dans son analyse du travail de M. Pfeiffer sur les Cuscutacées.

Engelmann, auteur d'une monographie des Cuscutes américaines, prétend que le *C. Hassiaca* de M. Pfeiffer n'est pas une espèce nouvelle, mais qu'elle a été décrite, sous le nom de *C. corymbosa*, par Ruiz et Pavon, dans leur Flore du Pérou. Engelmann s'est trompé en cela, car *il est positif*, dit M. Buchinger, que l'espèce décrite et figurée par Ruiz et Pavon est *absolument différente*. M. Choisy a partagé l'erreur d'Engelmann ; mais au lieu de décrire le vrai *corymbosa* de la Flore du Pérou, il a rédigé sa description sur des échantillons desséchés, recueillis par Bertero, *d'une autre espèce américaine non décrite*, et dont les graines se sont introduites en Allemagne, à Genève et à Lyon avec des graines américaines de Luzerne. Cette espèce nouvelle, originairement américaine, mais naturalisée en Europe, a reçu successivement les noms de *C. suaveolens* Seringe (à Lyon, en 1840), *C. Hassiaca* Pfeiffer (en Allemagne, en 1843), *C. corymbosa* Choisy, NON Ruiz et Pavon (à Genève, en 1844).

M. Choisy paraît n'avoir pas vu d'échantillons *allemands* du *C. Hassiaca* qu'il donne comme synonyme *douteux* à son *C. corymbosa* (type) ; mais il a vu vivante la plante *genevoise* dont il a fait la var. β *pauciflora* de ce même *C. corymbosa*.

Puisque les trois plantes *américaine*, *allemande* et *genevoise* sont spécifiquement identiques, la description faite en vue de la première doit naturellement convenir à la seconde et à la troisième. Je trouve néanmoins une petite différence entre la description de M. Choisy (*stigmata lutea*) et mes échantillons vivants (stigmates **verts**!) : elle s'explique facilement en ce que M. Choisy a décrit les échantillons américains *desséchés* de Bertero. Il ne dit rien de la couleur des stigmates dans sa var. β qu'il caractérise seulement par des fleurs *moins nombreuses*. Ce qu'il y a de certain, c'est que les stigmates de mes échantillons, *verts* il y a six mois à l'état de vie, sont aujourd'hui d'un *brun-marron* foncé, et que, si je ne les avais pas vus vivants, ma première idée serait qu'ils ont dû être jaunes.

Depuis le recensement fait, sur le vif, de tous les caractères décrits par Koch pour cette espèce, j'ai encore vérifié, sur le sec et au microscope, *tous* les caractères énoncés par M. Choisy : ils sont parfaitement exacts pour notre plante. Ainsi, ce monographe a tenu note des fleurs entremêlées de squamules (bractéoles), des deux styles *inégaux* en longueur, etc. J'ajoute que ces styles, droits ou défléchis à la maturité de la capsule, persistent sur les deux bords opposés de l'orifice interstylaire, qui est rond ou sub-anguleux et d'une dimension suffisante pour donner passage aux graines mûres.

No 2. CASSUTHA AMERICANA (sub *Cuscutà*) Linn. sp. 180 (excl. syn. Gronovii, monente cel. Choisy). — Chois. in DC. Prodr. T. IX, p. 459, no 34 (1845).

An potiùs *Cuscuta pentagona?* Engelm. — Chois. ibid. p. 461, no 45.

Engelmanniæ species. Pfeiff. loc. cit.

DIAGNOSES (Voir ci-contre, Tabl. No XIV).

HAB. L'Amérique.

OBS. — La compression excessive de l'échantillon d'ailleurs assez beau qui me fut donné il y a trente ans environ par feu Dargelas m'a rendu l'analyse fort difficile et même impossible pour certains organes, les écailles par exemple.

J'ignore absolument si cet échantillon, qui porte seulement l'étiquette *Cuscuta americana* de la main de Dargelas, lui avait été adressé d'Amérique, ou s'il provient de quelque serre. Il adhère

INFLORESCENCE.	CALICE.	COROLLE.	ÉTAMINES.	ÉCAILLES.	PISTILS.	CAPSULE.	GRAINES.	OBSERVATIONS.
Corymbe subglobuleux, simple, quelquefois courtement rameux. *Bractée* triangulaire concave, un peu plus courte que le pédicelle propre, membraneuse, subscarieuse. Une *bractéole* analogue, à la base de chaque pédicelle ou de chaque ombellule. *Diamétre* du corymbe, 10 millim. *Pédicelle* propre élargi au sommet, moins long que la capsule mûre et que le calice adulte, dont il est nettement distinct.	Urcéolé, très-ouvert, fendu jusqu'aux $2/3$. Lobes larges, ovales, très-obtus, atteignant les $3/4$ de la longueur totale de la corolle.	Urcéolée, très-ouverte, fendue jusqu'aux $2/3$. Lobes ovales, retrécis au sommet, non corniculés, moins larges et moins obtus que ceux du calice, non étalés. Sinus interlobaires étroits.	Atteignant la $1/2$ des lobes corollins. Filament (presque pétaloïde) double de l'anthère mutique, petite, plus large que longue, jaune.	Elles m'ont paru bifides, ovales-triangulaires, collées au tube et perceptibles seulement grâce à quelques fimbriations que j'ai cru voir aux deux côtés de l'axe fictif du filament.	Egalant au plus le $1/4$ de la capsule mûre. Styles droits et fort élargis à la base. Stigmate déprimé, d'un jaune brunâtre sur le sec.	Globuleuse-rétuse, assez consistante et fortement réticulée, à peu près double de la longueur de la corolle.	(Non complètement mûres) dépassant 2 millim., arrondies et très-comprimées, avec un rudiment de bec recourbé; d'abord d'un blanc verdâtre, puis jaunes-brunâtres. Mucilage presque nul. Réticulation nulle (tégument luisant). Hile un peu oblique.	*Tétramère.* Les lobes du calice n'éprouvent aucun changement au contact de l'eau bouillante.

DIAGNOSIS.

C. Corymbulo subgloboso simplici vel rariùs brevissimè ramoso, pedicellis umbellulisve unibracteolatis, pedicello proprio capsulâ calyceque breviori; CALYCE urceolato patule ad $2/3$ fisso, *lobis* latè ovatis obtusissimis corollæ totius $3/4$ æquantibus; COROLLA urceolatâ patulá ad $2/3$ fissâ, *lobis* ovatis apice subangustatis acutiusculis nec corniculatis, erectiusculis; STAMINIBUS lobis corollæ duplò brevioribus, *filamento* (subpetaloïdeo) *antherâ* parvâ muticâ dilatatâ brevi luteâ duplò longiori; SQUAMIS.......... (? bifidis, adnatis, ovato-triangularibus, fimbriatis); PISTILLIS capsulæ maturæ $1/4$ æquantibus, *stylis* rectis basi dilatatis, *stigmate* depresso luteo-fulvo (exsicc.); CAPSULA globoso-retusâ, corollâ duplò longiore; SEMINIBUS (immaturis) rotundato-compressissimis leviter rostratis primùm viridescentibus, mox luteo-fulvis.

(Calycis lobi, aquâ ebulliente suffusi non incrassantur, neque turgescunt.)

Nº III. — **CASSUTHA CHRYSOCOMA** (sub *Cuscutâ*) Welwitsch.

INFLORESCENCE.	CALICE.	COROLLE.	ÉTAMINES.	ÉCAILLES.	PISTILS.	CAPSULE.	GRAINES.	OBSERVATIONS.
Corymbe subglobuleux, simple ou plus souvent courtement rameux. *Bractée* ovale sublinéaire, plane, obtuse ou à peine retrécie au sommet, plus courte que le pédicelle propre, membraneuse, subscarieuse. Une *bractéole* analogue, à la base de chaque pédicelle ou de chaque ombellule. *Diamètre* du corymbe, 7 millim. *Pédicelle* propre élargi au sommet, de moitié moins long que la capsule mûre, plus court que le calice adulte, dont il est nettement distinct.	Urcéolé, très-ouvert, fendu jusqu'à la ½. Lobes très-larges et très-obtus, ovales-arrondis, atteignant la ½ de la longueur totale de la corolle.	Urcéolée, très-ouverte, fendue jusqu'à la ½. Lobes ovales, retrécis et presque en. pointe au sommet, non corniculés, moins larges proportionnellement et surtout moins obtus que ceux du calice, non étalés. Sinus interlobaires étroits.	Dépassant un peu les lobes corollins. Filament triple de l'anthère mutique, petite, ovale-arrondie presque cordiforme, aussi large que longue, jaune.	Bifides, spatulées, très-petites, n'atteignant pas la ½ du tube auquel elles adhèrent par leur base seulement. Fimbriations peu nombreuses et crépues.	N'atteignant pas la ½ de la capsule adulte. Styles droits ou peu divergents, très-épais (plats et canaliculés en dedans). Stigmate pulviné, rouge sur le sec.	Globuleuse-rétuse, assez consistante et très-finement réticulée, dépassant à peine les lobes corollins.	(Non mûres). Dépassant 2 mill., allongées et comme prismatiques, avec un rudiment de bec à la base, d'abord verdâtres (sub-discoïdes), puis d'un jaune rougeâtre, enfin..... Mucilage presque nul. Réticulation très-faible. Hile un peu oblique.	*Tétramère.* Les lobes du calice n'éprouvent aucun changement au contact de l'eau bouillante.

DIAGNOSIS.

C. Corymbulo subgloboso simplici vel sæpiùs brevissimè ramoso, pedicellis umbellulisve unibracteolatis, pedicello proprio capsulâ calyceque breviori; ᴄᴀʟʏᴄᴇ urceolato patulo ad ½ fisso, *lobis* latissimè ovato-rotundatis obtusissimis corollæ totius ½ æquantibus; ᴄᴏʀᴏʟʟᴀ urceolatâ patulâ ad ½ fissâ, *lobis* ovatis apice attenuatis acutiusculis nec corniculatis, erectiusculis; ꜱᴛᴀᴍɪɴɪʙᴜꜱ lobis corollæ paulò longioribus, *filamento antherâ* parvâ muticâ breviter subcordatâ luteâ triplò longiori; ꜱǫᴜᴀᴍɪꜱ minutis bifidis, basi tantùm tubo adnatis, spathulatis, fimbriatis, tubum dimidium non æquantibus; ᴘɪꜱᴛɪʟʟɪꜱ capsulæ adultæ ½ non æquantibus, *stylis* rectis vel subdivergentibus, *stigmate* pulvinato rubro (exsicc.); ᴄᴀᴘꜱᴜʟᴀ globoso-retusâ, corollæ lobos vix superante; ꜱᴇᴍɪɴɪʙᴜꜱ (immaturis) primùm subdiscoideis viridescentibus, mox ovato-prismaticis leviter rostratis luteo-rubentibus, demùm........

(Calycis lobi, aquâ ebulliente suffusi non incrassantur, neque turgescunt.)

à de jeunes pousses feuillées d'une plante herbacée qui a les plus grands rapports d'aspect avec la variété naine du *Chrysanthemum* des jardiniers.

Les fleurs, au nombre de 4-6 dans chaque ombellule, sont blanches et très-grosses; toutes leurs parties sont membraneuses, minces et pellucides. La capsule mûre, de couleur jaune-brun et luisante, se fait remarquer par la grandeur des cellules allongées et sublinéaires de son parenchyme; elle paraît un peu plus large que haute.

L'anthère est si courte qu'elle ne semble pas prolongée au-dessous de son point d'attache : on dirait qu'elle est sessile, par sa base, au sommet du filament très-large et aplati, mais relevé d'une forte côte.

La cloison de la capsule est parcourue par un sillon trophospermique très-gros, jaune et spongieux.

La graine, évidemment, n'a pas acquis la forme qu'elle devait revêtir plus tard : aussi son hile paraît-il oblique plutôt que transversal; mais il est large, court, et a bien la forme naviculaire ou en vulve qui est l'un des caractères du genre; il s'ouvre sur un écusson très-distinct, brun et strié en rayons.

Nº 3. CASSUTHA CHRYSOCOMA (sub *Cuscuta*) Welwitsch in herb. mus. acad. Olisip. cum icon. ined. — Ejusd. *Plant. Lusitanicæ* exsicc. (maïo 1851).

Engelmanniæ species. Pfeill. loc. cit.

Diagnoses (Voir ci-contre, Tabl. nº XV).

Hab. « *In agro Conimbricensi ad Mundam, inque hortis Olissip. rarior. Junio.* » Welw. in schedul.

Obs. — MM. Gay et Cosson ont eu la bonté de me communiquer cette belle espèce. Les échantillons que possède le premier de ces Botanistes sont sur *Pyrethrum Parthenium* et *indicum, Balsamina hortensis* et *Petunia....* Celui que je tiens du second est sur la Balsamine.

Il me paraît évident que cette Cuscutinée, tout nouvellement découverte en Portugal, doit y avoir été importée d'Amérique, et elle est excessivement voisine, quoique bien distincte, du *Cassutha americana*. Je ne cherche pourtant pas à la retrouver parmi les espèces décrites par M. Choisy : j'en connais trop peu pour le faire avec quelque chance de succès; et si elle eût appartenu à quelque forme américaine bien décrite, assurément les savants de la capitale l'eussent reconnue.

Les fleurs sont grosses, d'un rose doré (sur le sec) et remarquables, ainsi que la capsule, par les réticulations profondes de leur parenchyme dont les cellules, placées en séries et presque rondes, rappellent en petit les points creux d'un dé à coudre. Les bractées et bractéoles sont à demi-transparentes, de couleur et de consistance analogues à celles du calice.

Je n'ai réussi à voir les écailles que sur la fleur marcescente, et j'y ai trouvé beaucoup de difficulté à cause de leur petitesse. Le limbe de leurs deux lanières est jaunâtre et les fimbriations blanches.

L'ovaire est plus long que les styles, globuleux-rétus, profondément divisé au sommet en deux lobes par le sillon interstylaire où s'ouvrira l'orifice apicial. Cet orifice, dans la capsule adulte, mais non mûre, m'a paru allongé transversalement et pas assez grand pour donner passage aux graines; il est plus grand toutefois que dans le genre *Cuscuta*.

La cloison épaisse, jaune et bien plus fortement réticulée que les autres parenchymes floraux, vient se souder à la base du grand style, en partageant la capsule en deux loges complètes et inégales. Son sillon trophospermique est spongieux et laisse voir facilement les points d'attache des quatre ovules; mais les avortements semblent fréquents, car, dans un ovaire où je voyais distinctement les quatre ovules, un seul se développait et les trois autres étaient noircis et atrophiés. Dans une autre capsule, je n'ai trouvé que deux graines. Les ovules sont comprimés, subdiscoïdes, d'un blanc légèrement verdâtre.

Sur les graines non mûres, j'ai bien vu le hile vulviforme, transversal et un peu oblique, s'ouvrant au milieu d'un écusson élégamment radié.

La plus forte ombellule de mon exemplaire n'a guère que six fleurs.

Nº 4. **CASSUTHA ARABICA** (sub *Cuscuta*) Fresen, plant. ægypt. p. 95.

Cuscuta arabica Chois. cuscut. tab. 1. fig. 2: et Chois in DC. Prodr. T. IX, p. 453, nº 6 (1845).

INFLORESCENCE.	CALICE.	COROLLE.	ÉTAMINES.	ÉCAILLES.	PISTILS.	CAPSULE.	GRAINES.	OBSERVATIONS.
En *ombellules* de 1-6 fleurs. *Bractée* linguiforme, obtuse, membraneuse, pellucide, sous chaque ombellule. *Bractéole* analogue, à la base du pédicelle quand il est unique. *Diamètre* des ombellules, 5-6 millim. *Pédicelle* propre plus court que le calice, anguleux quand il est desséché.	Excipuliforme, très-ouvert, fendu jusqu'au ¹/₃. Lobes triangulaires très-obtus ou à peine retrécis au bout, plus courts que le tube corollin (séparés par des sinus très-larges).	Urcéolée, très-ouverte, fendue jusqu'à la ¹/₂. Lobes triangulaires un peu pointus, non corniculés, étalés. Sinus interlobaires larges.	N'atteignant pas les longueur des lobes corollins. Filament (plat, inséré au bord même du sinus interlobaire), toujours plus long que l'anthère mutique, courte, d'abord verte et presque arrondie, puis jaune.	(Si j'ai réussi à les voir) Simples, très-courtes, larges, ovales, appliquées au tube, frangées, n'atteignant que le ¹/₃ du tube corollin.	(A peine inégaux) souvent tordus, beaucoup plus courts que la capsule mûre. Styles droits à la base qui est lamelliforme, puis divergents, plus longs que le stigmate jaune (à peine boutonné.)	Globuleuse - déprimée, acuminée par la base des styles très-rapprochés, plus longue que le tube corollin. Orifice interstylaire en losange. (La capsule se déchire irrégulièrement et longitudinalement).	Dépassant 1 mill. (ce qui est proportionnellement très-fort), irrégulièrement ovales, aplaties et bordées de brun dans leur jeunesse, avec rudiment de bec recourbé, brunâtres à la maturité. Mucilage peu abondant. Réticulation très-faible. Hile transversal, vulviforme.	*Pentamère.* Les lobes du calice n'éprouvent aucun changement au contact de l'eau bouillante, à laquelle les fleurs, très-délicates, ne résistent pas suffisamment.

DIAGNOSIS.

C. Corymbulo (umbelluliformi 4-6-floro) subgloboso simplici, pedicello proprio unibracteolato capsulá calyceque breviori; CALYCE excipuliformi patulo ad ¹/₃ fisso, *lobis* distantibus (sinu lato interjecto) triangularibus obtusissimis vel apice vix attenuatis, tubo corollæ brevioribus; COROLLA urceolatá (fauce valdè apertá) ad ¹/₂ fissá, *lobis* (distantibus) triangularibus acutiusculis nec corniculatis, patulis; STAMINIBUS lobis corollæ brevioribus, *filamento* (complanato, ex imo sinu interlobari enato) *antherá* muticá brevi luteá longiori; SQUAMIS simplicibus brevissimis (tertiam tubi partem adæquantibus) latè ovatis fimbriatis; PISTILLIS tortilibus (vix inæqualibus) capsulá maturá brevioribus, *stylis* basi lamelliformibus divergentibus, *stigmate* vix subcapitato luteo longioribus; CAPSULA globoso-depressá tubo corollæ demùm longiore, stylorum basibus persistentibus acuminatá (ore interstylari rhomboideo); SEMINIBUS ovato-compressis in rostrum recurvum vix conspicuum desinentibus, fulvescentibus.

(Calycis lobi, aquá ebulliente suffusi non incrassantur, neque turgescunt.)

Cuscuta epithymum Bové, n° 354, in *Trifolio Alexandrino*
(ex Choisy, loc. cit.), NON Linn.

DIAGNOSES (Voir ci-contre, Tabl. n° XVI).
HAB. L'Egypte et l'Arabie.

OBS. 1. — J'ai sous les yeux deux beaux échantillons de cette
espèce, recueillis dans la Haute-Egypte par M. Kralik, l'un dans
les champs de *Trifolium Alexandrinum* à Syout, le 5 mars 1848,
l'autre à Koum-Ombou sur les bords du Nil, le 16 février de la
même année : je les dois l'un et l'autre à la générosité de
M. Webb.

OBS. 2. — Il n'est pas nécessaire d'étudier longtemps cette plante
pour reconnaître, malgré la petitesse de toutes ses parties, qu'elle
ne saurait appartenir au genre *Cuscuta* proprement dit. Elle ne
présente, il est vrai, qu'à un faible degré, l'un des caractères les
plus saillants du genre *Cassutha* (les styles capités et inégaux);
mais son inflorescence en ombellules pauciflores et non en vérita-
bles glomérules, offre une première présomption en faveur d'une
différence générique. L'aspect de ses pistils, étranger à celui
qu'offrent généralement ceux des *Cuscuta*, son trou interstylaire
quadrangulaire, sa capsule non circoncise et se déchirant irrégulièrement dans le sens longitudinal, enfin, le hile transversal
de ses graines, la placent évidemment dans la 2e tribu des
Cuscutacées.

Ces caractères, exceptionnels pour la 1re section des Cuscutes
de M. Choisy, avaient attiré quelque attention de la part de ce
savant, car il dit précisément : *corollâ..... post anthesin circà capsulam ad basim persistente;* et l'auteur qui l'a découverte et décrite
le premier, Fresen, dit de son côté : *stigmata subcapitata.*

On a attribué aussi ce dernier caractère au *Succuta alba*, où il
me semble moins apparent encore qu'ici. Peut-être le *C. arabica*
devrait-il rentrer dans ce dernier genre; mais ce qui m'a empêché
de l'y placer, c'est que les graines ne sont ni ailées ni discoïdes,
et le caractère tiré des semences est assurément plus important,
comme caractère générique, que celui que peuvent fournir les
stigmates; et de plus, l'inflorescence de l'*arabica* est la même
que celle des *Cassutha*, et non un glomérule comme dans le
Succuta.

5ᵉ genre. **SUCCUTA**.

Nº 1 (Species unica). SUCCUTA ALBA. Nob.

Cuscuta alba! Presl. del. Prag. 87. — Tenor. Fl. Napol. T. III, p. 249, nº 1419.—Reichenb. Fl. Germ. excurs. nº 3801, p. 586. — Gussone, Prodr. Fl. Sicul. T. I, p. 294 ; Ejusd. Fl. Sicul. Synops. T. I, p. 290. — NON Godron in Gren. et Godr. Fl. de Fr.

Cuscuta major (pro parte tantùm) Chois. in DC. Prodr. T. IX, p. 452, nº 2 (1845).

Cuscuta europæa Bové in herb. Mauritanico, NON Linn.

DIAGNOSES (Voir ci-contre, Tabl. Nº XVII).

HAB. La Sicile et le nord de l'Afrique.

OBS. 1. — Reichenbach cite cette espèce sans la connaître, car il donne *entre guillemets* la phrase descriptive de l'auteur.

M. Choisy la rapporte à son *C. major*, mais les stigmates *capités* qu'on a attribués à l'*alba* suffiraient déjà pour exclure ce rapprochement.

Voici une observation comprise par Reichenbach sous les mêmes guillemets, et qui montre combien peu on doit se fier à l'indication citée par lui : « *Habitus et affinitas maxima C. epithymi, differt* « *tamen floribus* DIGYNIS*, stigmatibus capitatis.* » Or, tout le monde sait que les fleurs sont digynes dans l'*epithymum*, comme dans l'espèce dont Presl a dit *stylis duobus*.

OBS. 2. — Reichenbach indique l'*alba* dans le Tyrol méridional et sur le *Colutea arborescens*, précisément comme Koch indique le *planiflora* de Tenore qu'il ne connaît qu'incomplètement, et que M. Choisy confond avec son *minor* dont il est effectivement congénère par ses stigmates filiformes.

Il y a donc là, dans les livres, une confusion que des échantillons authentiques peuvent seuls faire disparaître. Je vais tâcher d'accomplir cette tâche au moyen des matériaux que mes correspondants parisiens m'ont généreusement fournis :

Premièrement, dans l'échantillon authentique, de Sicile, que M. Du Rieu m'a envoyé et auquel adhère une foliole de légumineuse (d'un trèfle probablement), les stigmates sont bien *filiformes* : voilà une difficulté levée ;

N° I. — **SUCCUTA ALBA** Nob. (*Cuscuta alba* Presl, NON Godron). *Tabl.* n° XVII, *pag.* 74.

INFLORESCENCE.	CALICE.	COROLLE.	ÉTAMINES.	ÉCAILLES.	PISTILS.	CAPSULE.	GRAINES.	OBSERVATIONS.
Bractée grande, en nacelle, un peu pointue, membraneuse, colorée. *Diamètre* des glomérules, 5-6 mill. au plus. *Fleurs* avortées à la base du glomérule. *Pédicelle* nul.	Excipuliforme (jaunâtre), très-largement ouvert, fendu jusqu'aux ¾. Lobes inégaux en largeur, recouvrants à la base, ovales-allongés, très-obtus, égalant le tube corollin.	Urcéolée-globuleuse, largement ouverte, fendue presque jusqu'à la ½ (blanche). Lobes ovales-triangulaires un peu allongés, moins obtus que le calice et même presque pointus, non corniculés ni recouvrants à la base, étalés.	Atteignant la ½ des lobes corollins. Filament double de l'anthère courte, ovale-arrondie, fortement apiculée, jaunâtre.	(Si je les ai bien vues) Simples, larges, obovées, s'élevant jusqu'au pli qui resserre la gorge, un peu au-dessous du point d'insertion du filament, dressées et profondément fimbriées. Fimbriations simples et boutonnées.	Egalant presque les étamines et au plus le ⅓ de la capsule non mûre, plus courts que les lobes corollins. Styles droits, beaucoup plus courts que le stigmate filiforme jaune ou rougeâtre.	(Non mûre) globuleuse-obtuse, aussi large que haute, très-mince (parenchyme à grandes mailles). *Orifice* interstylaire très-grand, allongé.	(Non adultes) Un peu plus de ½ mill., discoïdes-ovales ou presque arrondies, lisses, étroitement marginées et incomplètement ailées, verdâtres puis brunâtres. *Aile* transparente, diminuant avec l'âge. Hile dans le disque, entre le bord et le milieu,......	*Pentamère* et quelquefois *tétramère* dans le même glomérule. Les lobes du calice se gonflent fortement en vessies, au contact de l'eau bouillante.

DIAGNOSIS.

8. Pedicello proprio nullo; CALYCE excipuliformi (luteolo) laxissimo ad ¾ fisso, *lobis* latitudine inæqualibus imbricantibus ovato-elongatis obtusissimis tubum corollæ æquantibus; COROLLA globoso-urceolatâ (lacteâ), fauce latè hiante, ad ½ ferè fissâ, *lobis* ovato-triangularibus elongatis acutiusculis haud corniculatis nec imbricantibus; STAMINIBUS lobos corollæ dimidios æquantibus, *filamento antherâ* valdè apiculatâ brevi luteolâ duplò longiori ;; SQUAMIS (ægrè conspicuis) simplicibus latè obovatis faucem attingentibus profundè fimbriatis erectis; PISTILLIS filamenta ferè, non verò lobos corollæ æquantibus, capsulâ immaturâ triplò brevioribus, *stylis* rectis *stigmate* filiformi luteo vel rubescenti brevioribus; CAPSULA (immaturâ) ovato-globosâ retusâ..........; SEMINIBUS (immaturis) ovato-discoideis, marginatis, angustè et incompletè alatis lævibus, primùm viridescentibus mox fulvescentibus.

(Calycis lobi, aquâ ebulliente suffisi valdè turgescunt.)

Secondement, dans cet échantillon, l'aspect, les dimensions , la consistance, les caractères, diffèrent de ceux du *C. planiflora* authentique aussi, de Naples et du Tyrol, que j'ai reçu en même temps de MM. Gay et Du Rieu. Seconde difficulté levée : les deux plantes n'ont rien de commun.

Obs. 3. — Le *Succuta alba* paraît être une plante rare et méditerranéenne : je ne la connais que de la Sicile et du nord de l'Afrique (herbier mauritanique de Bové).

Obs. 4. — Les glomérules de cette espèce (encore une fois, je ne les connais qu'en fleurs) sont fort petits, et les fleurs fort petites aussi. Le parenchyme de toutes leurs parties est membraneux et très-mince, mais, en revanche, d'une ténacité de tissu excessive. La corolle et le calice empruntent un *facies* particulier à leurs divisions obtuses, planes et ne s'enroulant pas à l'extrémité , ce qui fait qu'on n'aperçoit rien d'effilé ni d'aigu dans le glomérule. La corolle est d'un blanc de lait, et le calice est teinté légèrement de jaune. Les tiges sont rougeâtres et d'une extrême finesse.

Les calices, au contact de l'eau presque bouillante , se renflent comme des vessies comprimées, mais pleines d'eau, tandis que les lobes de la corolle ne changent en rien. Ce caractère n'est pas générique , mais il se manifeste ici plus énergiquement que dans les autres Cuscutacées chez lesquelles je l'ai observé.

L'orifice interstylaire paraîtrait avoir son plus grand diamètre dans le sens de l'axe commun des deux styles, et non dans le sens perpendiculaire à celui-ci comme dans les *Cuscuta ;* mais les capsules très-minces et fragiles sont déformées , en sorte que je ne puis ni affirmer ce détail, ni décrire la cloison dont je n'ai vu que des fragments.

Quand la graine approche de l'état adulte, elle est bordée de noir, et son aile transparente devient de plus en plus étroite ; mais elle est tellement persistante , malgré son excessive petitesse , que je la retrouve encore *un an après que la graine a été extraite de la capsule.*

Le hile me paraît décidément placé assez loin du bord , et se rapproche par conséquent du centre du disque. Je n'ai pu voir distinctement sa forme ni sa direction ; tantôt il m'a paru longitudinal, tantôt oblique-transversal.

La corolle se détache si facilement du calice que je ne la crois pas marcescente à la base. D'un autre côté, la capsule ne m'a pas paru circoncise, mais plutôt déchirée à la base. Au reste, c'est toute une étude à refaire sur des fruits mûrs, car je n'ai réellement eu affaire qu'à des ovaires et à des ovules très-avancés et non à des fruits.

Obs. 5. — Voici les descriptions des auteurs italiens.

1º Description (en italien) du *Cuscuta alba* Presl (*Granghierella bianca*) dans le *Flora Napolitana* de Tenore, vol. 2º, parte 1ª, ossia tomo terzo, pp. 249, 250, nº 1419 :

« Styles filiformes jaunâtres ; fleurs blanches très-courtement « pédicellées et réunies en capitules d'environ 3 lignes de dia- « mètre ; lobes de la corolle arrondis, obtus et dressés ; étamines « ne dépassant pas les pétales ; stigmates globuleux. »

2º Description du *Cuscuta alba* Presl, dans le *Floræ Siculæ Synopsis* de Gussone, tom. prim., p. 290 :

Floribus glomeratis sessilibus quinquefidis pentandris, laciniis corollinis calycibusque obtusis, squamis hypostamineis denticulatis, stigmatibus subcapitatis. ☉

In aridis apricis, parasitica Zizyphi Loti, Galii lucidi, Plantaginis serrariæ, Acarnæ gummiferæ, Dauci polygami, etc.

Caules minùs rubentes, bracteæ numerosiores, et flores minores, quàm in sequente (epithymo) *cujus forsàn insignis varietas.*

Et plus loin, même page, cette observation :

Cl. Bertoloni in Fl. ital. III, p. 71, C. planifloram Ten. à me accepisse dicit, illamque super Acarnam gummiferam provenire; sed sedulò inspectis exemplaribus, me illam non recognovisse fateor.

§ 11. — *Appendice.*

Quelques Cuscutacées sont encore mentionnées, à ma connais- sance, en Europe ; mais ne les ayant pas vues, il m'est impossible de leur donner place dans mon travail. Ce sont :

1º Cuscuta approximata Babingt. in Bot. Zeit. II. p. 542. Voici la description du célèbre botaniste anglais :

Florum glomerulis bracteatis sessilibus ; tubo corollæ ventricoso vix calycem excedente, squamis approximatis bifidis, lobis divergentibus latis, apice fimbriatis truncatis; germine ovali, stigmatibus filifor- mibus. ☉ — *Crescit in Britanniæ arvis parasitica in* Meliloto sativo (*è seminibus ex Indiâ orientali relatis enato*).

2º Cuscuta microcephala Welwitsch, du Portugal. Son nom seul m'est cité par M. Du Rieu, qui soupçonne que cette espèce pourrait ne pas différer de l'*epithymum*.

3° M. le docteur F. Schultz m'écrivait de Bitche, le 2 mars 1852, que le Cuscuta Viciæ (donné par M. Kirschleger comme synonyme du *C. Schkuhriana* Pfeiff., ne lui était pas encore connu en nature, mais qu'il le recevrait bientôt de la plaine de la vallée du Rhin. J'ignore si, depuis cette époque, le savant auteur des *Archives* a eu la facilité de se former une opinion sur la valeur réelle de cette espèce.

TABLE.

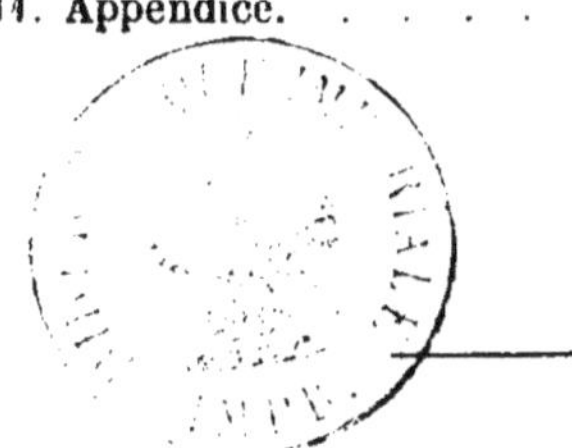